U0182965

多目标元胞差分算法及其应用

MULTI-OBJECTIVE CELLULAR DIFFERENTIAL EVOLUTION ALGORITHM AND ITS APPLICATION

王亚良 高扬华 张 利 钱其晶◎著

ZHEJIANG UNIVERSITY PRESS
浙江大学出版社
·杭州·

图书在版编目(CIP)数据

多目标元胞差分算法及其应用 / 王亚良等著. —杭州：浙江大学出版社，2024.2
ISBN 978-7-308-24697-2

Ⅰ. ①多… Ⅱ. ①王… Ⅲ. ①多目标(数学)－计算机算法 Ⅳ. ①TP301.6

中国国家版本馆 CIP 数据核字(2024)第 037105 号

多目标元胞差分算法及其应用

王亚良　高扬华　张　利　钱其晶 著

责任编辑	陈　宇
责任校对	赵　伟
封面设计	雷建军
出版发行	浙江大学出版社
	(杭州市天目山路 148 号　邮政编码 310007)
	(网址:http://www.zjupress.com)
排　　版	杭州朝曦图文设计有限公司
印　　刷	杭州高腾印务有限公司
开　　本	710mm×1000mm　1/16
印　　张	11
字　　数	225 千
版 印 次	2024 年 2 月第 1 版　2024 年 2 月第 1 次印刷
书　　号	ISBN 978-7-308-24697-2
定　　价	68.00 元

前　言

　　科学研究和工程领域存在着大量的多目标优化问题。目标之间往往互相矛盾，某个目标的改善可能引起其他目标性能的降低，我们无法通过一个全局的最优解实现对多目标优化问题的求解，因此决策者需要通过折中处理的方式获得一个实现各分目标相对优化的非劣解集。

　　多目标进化算法已成为解决多目标优化问题的主要方法之一。多目标元胞差分算法，作为解决一类多目标优化问题的典型算法，是在结合多目标元胞遗传算法与差分进化算法基础上形成的，其在求解多目标尤其是三目标优化问题时获得了质量较好的帕累托(Pareto)前端。

　　本书在全面介绍多目标元胞差分算法和算法性能测试的基础上，阐述了在该算法基础上改进、优化得到的几种算法，并介绍了改进算法的原理、步骤、流程、伪代码、性能测试及实例应用等。为方便使用，本书对算法的图形用户界面的实现进行了初步探析。

　　本书内容取材新颖，系统深入，注重理论与工程实践相结合，围绕多目标元胞差分算法提出的多种改进算法，在测试函数性能指标和工程实例方面取得了较好结果。本书可作为计算机、自动控制、机械工程、智能制造等专业的本科生与研究生教材，也可作为相关研究人员和工程技术人员的参考用书。

　　本书由王亚良负责统稿、修改和定稿。本书获浙江工业大学研究生教材建设项目资助(项目编号 20230104)，特别感谢金寿松、陈勇、董晨晨等教师的帮助及倪晨迪、高康洪、范欣宇、张敏、张果、黄利、曹海涛、王俊、刘珺、王仁涛、张晓丽、柯雪、王浩等研究生的参与。本书在撰写过程中参考了很多文献，在此也对这些文献的作者表示诚挚的谢意。

　　限于作者水平，书中不妥和疏漏之处在所难免，恳请读者批评指正。

2024 年 2 月

目　录

第1章　绪　论

第2章　基本的多目标元胞差分算法

第 3 章　多目标进化算法性能评价

第 4 章　外部种群完全反馈的元胞差分算法设计及应用

第 5 章　两阶段外部种群充分引导的元胞差分算法设计及应用

第 6 章　自适应多目标元胞差分算法设计及应用

第 7 章　动态差分智能元胞机算法设计及应用

第 8 章　基于 MATLAB 图形用户界面的多目标优化算法实现

第 1 章
绪　论

科学研究和工程领域存在着许多优化问题,这些优化问题可以根据需要优化的目标数量划分为单目标优化问题(Single-objective Optimization Problem,SOP)与多目标优化问题(Multi-objective Optimization Problem,MOP)[1]。单目标优化问题需要优化的目标有且只有一个,在满足对应函数条件的情况下,通常通过一个全局最优解来解决。

在面对实际的工程问题时,决策者需要优化的目标通常不止一个,并且待优化的目标之间往往是矛盾的,即不存在能让所有目标同时达到最优的一个解。为了合理解决该类问题,多目标优化问题的模型被设计与提出;随着相关问题研究的不断深入与工程需求的不断提升,多目标优化问题受到了越来越多的关注[2]。例如,在投资组合的优化问题中,投资者往往将最高的期望收益与最低的投资风险作为自己的投资目标,但是在实际情况中,较高的期望收益往往意味着较高的投资风险;反之,当投资风险降低时,期望收益也会随之回落。故如何权衡两者间的关系,得到一个合理的投资方案是解决该问题的关键;在城市物流配送过程中,决策者通常需要考虑如何使配送车辆的数量尽量少、行驶的路程和配送的时间尽量短的问题。以上就是典型的多目标优化问题,需要对多个目标值进行求解。

1.1　多目标优化问题描述

目前,多目标优化的数学模型[3]可以表述如下:假设某个优化问题共有 m 个分目标,则在满足约束条件的前提下,希望这 m 个分目标的值尽可能小(最大化目标值在一定情况下可以转化为最小化目标值)。具体算法如下:

$$\min \boldsymbol{F}(\boldsymbol{X}) = (f_1(\boldsymbol{X}), f_2(\boldsymbol{X}), \cdots, f_m(\boldsymbol{X}))$$
$$\text{s.t. } g_i(\boldsymbol{X}) \geqslant 0 \quad (i=1,2,\cdots,p) \tag{1-1}$$
$$h_j(\boldsymbol{X}) = 0 \quad (j=1,2,\cdots,q)$$

式中,$\boldsymbol{F}$ 为 m 维的目标向量,将 n 维决策空间记为 Ω,则 $\boldsymbol{X}=(x_1,x_2,\cdots,x_n)$ 为 Ω 中的决策向量,$g_i(\boldsymbol{X})$ 为不等式约束,$h_j(\boldsymbol{X})$ 为等式约束。求解的过程中,只有当一个解可以同时满足决策空间中的所有等式约束与不等式约束时,该解才能被认定为可行解。

对多目标优化问题进行求解时,传统的优化方法通常是将各个分目标加权转化成单目标进行优化。由于各个分目标之间的权重值不易确定,且对于多峰多模态问题,传统的方法容易陷入局部最优,故它们往往不适合求解这类问题。与单目标优化问题不同,多目标优化问题一般需要对多个分目标同时进行优化,且分目标之间往往存在冲突,因此决策者只能根据实际情况对它们进行折中处理,期望得到一个各分目标之间相互协调的解集(Pareto 最优解集)。

Pareto 最优的相关概念定义如下。

定义 1-1: Pareto 支配

$$\begin{cases} \forall k \in \{1,2,\cdots,m\}, f_k(\boldsymbol{V}_1) \leqslant f_k(\boldsymbol{V}_2) \\ \exists l \in \{1,2,\cdots,m\}, f_l(\boldsymbol{V}_1) < f_l(\boldsymbol{V}_2) \end{cases} \tag{1-2}$$

设 $\boldsymbol{V}_1$、$\boldsymbol{V}_2$ 为决策空间 Ω 中的两个向量,当 $\boldsymbol{V}_1$ 的所有分目标都不大于 $\boldsymbol{V}_2$ 的所有分目标,且 $\boldsymbol{V}_1$ 中至少有一个分目标小于 $\boldsymbol{V}_2$ 时,则称 $\boldsymbol{V}_1$ 支配 $\boldsymbol{V}_2$,记为 $\boldsymbol{V}_1 \prec \boldsymbol{V}_2$。其中,$\boldsymbol{V}_1$ 称为非支配解,$\boldsymbol{V}_2$ 称为支配解。

定义 1-2: Pareto 最优解

$$\neg \boldsymbol{Y} \in \Omega, \boldsymbol{Y} \prec \boldsymbol{X} \tag{1-3}$$

如果决策向量 $\boldsymbol{X}$ 不被决策空间 Ω 中的任何向量 $\boldsymbol{y}$ 支配,则 $\boldsymbol{x}$ 是一个 Pareto 最优解。

定义 1-3: Pareto 最优解集

$$\boldsymbol{PS} = \{\boldsymbol{X} \in \Omega \mid \neg \boldsymbol{Y} \in \Omega, \boldsymbol{Y} \prec \boldsymbol{X}\} \tag{1-4}$$

所有的 Pareto 最优解构成 Pareto 最优解集。

定义 1-4: Pareto 最优前端

$$\boldsymbol{PF} = \{F(\boldsymbol{X}) \mid \boldsymbol{X} \in \boldsymbol{PS}\} \tag{1-5}$$

Pareto 最优解集映射到目标空间,就可得到 Pareto 最优前端。

双目标优化问题中的 Pareto 占优示意如图 1-1 所示。

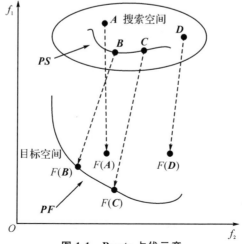

图 1-1　Pareto 占优示意

1.2　多目标优化问题求解流程

对于科学研究和工程领域中的具体问题,大多可使用图 1-2 的求解流程予以解决[4]。首先,对实际问题进行分析,分析其影响因素、产生结果和资源制约,并对其进行合理简化;其次,根据问题描述构建数学模型,通过抽象和简化等手段确定问题的自变量、优化目标、约束条件和模型假设等;然后,通过算法对数学模型进行求解,可以选择已有算法或者改进算法,也可以提出新的算法,以获得 Pareto 最优解集;最后,在 Pareto 最优解集中根据偏好选择合适的解。

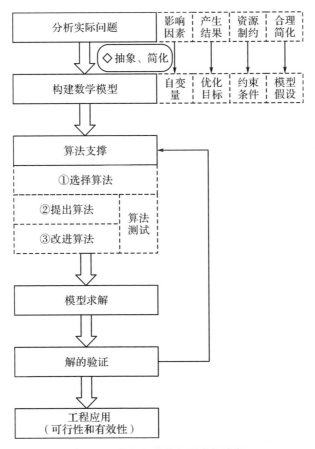

图 1-2　多目标优化问题求解流程

1.3   优化算法

算法是对解决方案准确而完整的描述,是一系列解决问题的清晰指令。算法代表着用系统的方法描述解决问题的策略机制。优化算法其实就是一种搜索过程或规则,它基于某种思想和机制,通过一定的途径或规则来得到满足用户要求的问题解,是对算法有关性能(如时间复杂度、空间复杂度、正确性、健壮性等)的优化。本书中的优化算法主要指智能优化算法,这是一种具有全局优化性能、通用性强且适合于并行处理的算法,是用于处理最优化问题的元启发式算法。

1.3.1   智能优化算法的特征

优化算法一般分为智能优化算法和传统优化算法。传统优化算法一般针对结构化的问题,有较为明确的问题和条件描述;属于凸优化范畴,有唯一明确的全局最优点;一般是确定性算法,有固定的结构和参数,可对其计算复杂度和收敛性做理论分析;对单极值问题具有明显优势。与传统优化算法相比,智能优化算法具有如下特征[5]。

(1)智能性

智能优化算法的智能性包括自组织性、自适应性和自学习性等。应用智能优化算法求解问题时,在确定了编码方案、适应值函数及遗传算子之后,算法将利用进化过程中获得的信息自行组织搜索。基于自然的选择策略为适者生存、不适者淘汰,适应值优的个体往往具有较高的生存概率以及与环境更适应的基因结构,通过杂交和基因突变等遗传操作后可能产生与环境更适应的后代。智能优化算法具有的这种自组织、自适应特征赋予了其根据环境变化自动发现环境特性和规律的能力。

(2)本质并行性

智能优化算法的本质并行性表现在两个方面。一方面,智能优化算法是内在并行的,即算法本身非常适合于大规模并行计算。最简单的并行方式是让几百甚至数千台计算机各自进行独立种群的进化计算,运行过程中不进行任何通信(独立种群之间若有少量的通信,一般会带来更好的结果),等运算结束时才进行通信比较,选取最佳个体。这种并行处理方式对并行系统结构也没有什么限制和要求。另一方面,智能优化算法具有内含并行性,即以种群为单位组织搜索,因而它可以同时搜索解空间的多个区域,并相互交流信息。这种搜索方式使得它虽然每次只执行与种群规模 N 成比例的计算,但实质上已进行了 $O(N^2)$ 次有效搜索,能以较少的计算次数获得较大的收益。

（3）其他特征

除了智能性和本质并行性以外,智能优化算法的其他特征还有过程性、不确定性、内在学习性、全局性、鲁棒性、灵活性、多解性、统计性和稳健性等。

①过程性。智能优化算法通过自然选择和遗传操作等自组织行为来增强群体的适应性。算法模拟的是一个过程,求解过程通常是一个迭代的过程。

②不确定性。智能优化算法的不确定性是伴随其随机性而来的。从初始解出发,按照某种机制,以一定的概率在整个求解空间中搜索优化解。

③内在学习性。学习是进化过程自身所具有的不可分割的行为方式。与自然进化过程类似,智能优化算法也有以下三种不同的学习方式,这些学习方式内在地体现在进化计算的整个过程中:宗亲学习,这种学习方式发生在整个进化过程中,祖先的良好特征通过遗传传递给后代,后代通过家族成员"血缘"继承方式学习其先辈的自适应行为;社团学习,这种学习方式是一些经验和知识在某个社团内的共享,体现在进化计算中,即独立群体内部知识或结构的共享;个体学习,这种学习方式是自然界中发生得最为频繁的,生物体为了生存就必须学习,通过不断实践来积累知识和经验,以增强自己的适应性,进化计算的个体学习方式是指通过改变个体的基因结构来提高自己的适应度。

④全局性。智能优化算法可以把搜索空间扩展到整个问题空间,即能同时在解空间的多个区域内进行搜索,并且能以较大的概率跳出局部最优,具有全局优化性能。

⑤鲁棒性。智能优化算法在解空间多个区域进行并行搜索,受初始值的影响较小,因此具有广泛适用的鲁棒性。

1.3.2　智能优化算法的种类

目前还没有统一的智能优化算法分类标准,从不同的角度出发,会有不同的分类方法。智能优化算法都具有智能性或灵活性,它们通过确定性算法与启发式随机搜索的反复迭代来获取优化问题的最优数值解。智能优化算法可以分为三个研究方向:通过控制算法的参数来改进当前方法,将不同的算法混合以便从每个算法中受益,以及引入一种新的算法。按自然启发式算法的灵感来源,可将智能优化算法分为以下四类。

（1）进化算法

自然界的生物体在遗传、选择和变异等作用下,优胜劣汰,不断地由低级向高级进化与发展,人们将这种"适者生存"的进化规律模式化,进而构成了一种优化算法,即进化计算。进化计算是指一系列的搜索技术(如遗传算法、进化规划、进化策略等),它们在函数优化、模式识别、机器学习、神经网络训练、智能控制等众多领域都有着广泛的应用。其中,具有普遍意义的经典进化算法是遗传算法和差分进化算法。

①遗传算法。遗传算法是指通过模仿自然界生物进化机制发展起来的具有随机全局搜索和优化的方法。该算法基于自然选择和基因遗传学原理,借鉴了生物进化中优胜劣汰、适者生存的自然选择机理和生物界繁衍进化的遗传机制,可以用简单的编码方式和再生过程进行复杂的计算,以优胜劣汰的原则,在潜在的解决方案群中逐次产生一个近似最优的方案;根据个体在问题域中的适应度值和从自然遗传学中借鉴来的再造方法进行每一代的个体选择,产生一个新的近似解。这个过程使种群中的个体得到进化,得到的新个体比原个体更能适应环境。

②差分进化算法。差分进化算法是一种过程简单、可调参数少、收敛速度快、全局搜索性能好的优化算法。该算法包含变异、交叉和选择三种算子,可通过这些算子执行个体的进化。同时,算法中包含种群个数 N、缩放因子 F 和交叉概率 CR 这三个控制参数。差分进化算法是通过群体内个体间的合作与竞争产生的一种智能优化搜索。

(2)群智能算法

群智能是指无智能的个体通过合作表现出智能行为。群智能算法是一种基于生物群体行为规律的计算技术,它受昆虫(如蚂蚁、蜜蜂)和群居脊椎动物(如鸟群、鱼群和兽群)的启发,用于解决分布式问题;它在没有集中控制且不提供全局模型的前提下,为寻找复杂分布式问题的解决方案提供了一种新的思路。群智能算法易于实现,算法中仅涉及各种基本的数学操作,数据处理过程对中央处理器(CPU)和内存的要求也不高。该算法只需要目标函数的输出值,不需要梯度信息。群智能理论和应用方法证明群智能算法是一种能有效解决大多数全局优化问题的新方法。其中,蚁群算法和粒子群算法是两种经典的群智能算法。

①蚁群算法。蚂蚁能在没有任何提示的情况下找到从巢穴到食物源的最短路径,并且随环境的变化,能自适应地搜索新路径。其根本原因是蚂蚁在寻找食物时,能在其走过的路径上留下具有挥发性的信息素。随着时间的推移,信息素会逐渐挥发,后来的蚂蚁选择该路径的概率与这条路径上的信息素强度成正比。当一条路径上通过的蚂蚁越来越多时,留下的信息素也越来越多,后来的蚂蚁选择该路径的概率也就越大,从而更增加了该路径上的信息素强度,强度大的信息素会吸引更多的蚂蚁,从而形成一种正反馈机制。通过这种正反馈机制,蚂蚁最终可以发现最短路径。蚁群算法是一种具有较强鲁棒性、可进行并行分布式计算且易与其他算法相结合的算法。它通过简单个体之间的协作,表现出求解复杂问题的能力,已经广泛应用于优化问题的求解。但蚁群算法存在易陷入局部最优、搜索最优路径时间过长及寻找最优路径的收敛速度慢等不足。

②粒子群算法。粒子群算法与其他进化算法一样,基于"种群"和"进化",通过个体间的协作与竞争,实现复杂空间最优解的搜索。其核心思想是利用群体中个体间的信息的社会共享帮助整体进化。粒子群算法将群体中的个体看作 D 维搜索空间中没有质量和体积的粒子,每个粒子以一定的速度在解空间中运动,并向自身

历史最佳位置(P_{best})和邻域历史最佳位置(G_{best})聚集,实现对候选解的进化。在每一代中,粒子将跟踪个体极值和全局极值两个极值。粒子群算法因具有很好的生物社会背景而易于被理解,因参数少而易于实现,对非线性、多峰问题具有较强的全局搜索能力,在科学研究与工程实践中得到了广泛关注。

（3）仿物理学优化算法

仿物理学优化算法是指从不同角度或不同方面来模拟金属退火、涡流形成等过程,模拟宇宙大爆炸、万有引力、热力学、电磁力、光的折射、量子力学等物理学、化学乃至数学定律,模拟风、雨、云、闪电、水循环等自然现象,模拟生态系统的自组织临界性、混沌现象、随机分形等非线性科学中的不断演化、进化、自适应过程蕴含的优化思想。模拟退火算法作为经典的仿物理学优化算法,模拟热力学系统中的退火过程,即对高温物体进行缓慢降温,把目标函数作为能量函数,使内部分子的能量状态达到最低。这是一种基于蒙特卡罗（Monte Carlo）迭代求解策略的随机寻优算法。该算法基于物理中固体物质的退火过程与一般组合优化问题之间的相似性,为具有非确定性多项式（Non-deterministic Polynomial,NP）复杂性的问题提供了有效的近似求解算法,克服了以往传统优化算法在求解过程中易陷入局部最优的情况,提高了选择领域中目标值最大的出现概率。

（4）仿人智能优化算法

仿人智能优化算法是指模拟人脑思维、人体系统、组织、器官乃至细胞的结构与功能,以及模拟人类社会竞争的智能优化算法。头脑风暴优化（Brain Storm Optimization,BSO）算法是一种新的群体智能优化算法,其模拟了人类集思广益求解问题的集体行为,即头脑风暴过程。可通过重复执行发散和聚类过程来进行问题空间的分布式搜索与全局优化。

1.3.3　智能优化算法的主要应用

智能优化算法不依赖问题的具体领域,对问题的种类有鲁棒性,是求解复杂系统优化问题的有效方法,被广泛应用于众多学科。目前,智能优化算法在函数优化、组合优化、生产布局与调度、自动控制、图像处理、机器学习、结构设计、无人驾驶等领域得到了应用,已成为求解全局优化问题的重要手段和方法[5]。

（1）函数优化

函数优化是智能优化算法的经典应用领域,也是对智能优化算法性能评价的常用算例。可以用各种各样的函数来验证智能优化算法的性能。对于一些非线性、多模型、多目标的函数优化问题,使用智能优化算法可得到较好的结果。

（2）组合优化

组合优化的目标是从组合问题的可行解集中求出最优解。随着问题规模的增大,组合优化问题的搜索空间也急剧扩大,目前的计算机有时很难甚至不能用枚举法求出问题的最优解,故应把主要精力放在寻求其满意解上,而智能优化算法就是寻求这种满意解的最佳工具之一。实践证明,智能优化算法对于组合优化中的 NP 完全问题非常有效。

(3)生产布局与调度

采用智能优化算法能够比较有效地解决复杂生产布局与调度问题。在静态布局问题和动态布局问题、静态调度问题和动态调度问题等方面,智能优化算法都起到了有效作用。

(4)自动控制

自动控制领域中有很多与优化相关的问题需要求解,智能优化算法已在其中得到了初步应用,并显示出了良好的效果,如基于智能优化算法的航空控制系统优化、空间交会控制器设计等。

(5)图像处理

图像处理是一个多阶段、多途径、多目标的信息处理过程,是计算机视觉中的一个重要领域。图像处理的过程(如扫描、特征提取、图像分割、图像恢复等)中不可避免地会存在一些误差,这些误差会影响图像处理的效果。如何使这些误差降到最小是计算机视觉达到实用化的重要要求,智能优化算法在这些图像处理的优化计算方面有了用武之地。近年来,医学图像智能分析领域已成为新兴研究热点。

(6)机器学习

机器学习是人工智能及模式识别领域的共同研究热点,其理论和方法已被广泛应用于解决工程应用与科学领域的复杂问题。基于智能优化算法的机器学习在很多领域得到了应用,主要应用于数据分析与挖掘、模式识别和生物信息学等。

1.4　进化算法

进化算法(Evolutionary Algorithm,EA)是一种基于种群的启发式搜索算法。EA 大致可分为遗传算法(Genetic Algorithm,GA)、遗传规划(Genetic Programming,GP)、进化策略(Evolution Strategy,ES)和进化规划(Evolution Programming,EP)四类。EA 通过潜在解组成的种群来实现全局搜索,这种从种群到种群的方法对于搜索 MOP 的 Pareto 最优解集具有优良效果。与传统优化方法相比,EA 具有以下两个优点:①算法对优化问题的要求低(能够处理不连续、不可微和 Pareto 前端非凸等问题);②搜索过程是随机的,且可以并行搜索到多个解,特别符合多目标优化的要求。作为一种高效的多目标优化方法,多目标进化算法(Multi-objective Evolutionary Algorithm,MOEA)已被广泛应用于科学研究和工程应用的许多领域,包括计算机科学与技术、机械设计、控制科学与技术、管理科学与工程等。

多目标进化算法的基本框架如图 1-3 所示,其关键步骤为解的生成操作和解的选择操作。解的生成操作通常需要从当前的种群中选出部分解作为父代,并利用一定的算子来生成子代解。解的选择操作指合并当前种群与新产生的子代解,并利用环境选择使种群中的精英个体进入下一代。

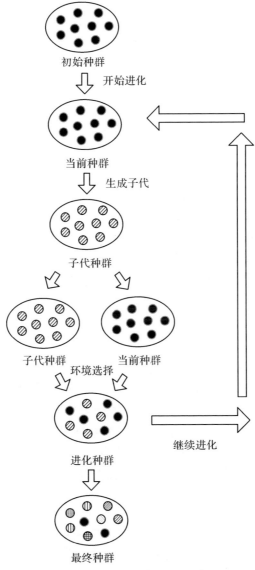

图 1-3 多目标进化算法的基本框架

1.4.1 进化算法的提出与演变

1975 年，Holland 等[6]基于人类染色体的遗传进化过程，提出了经典的遗传算法。该算法凭借优异的性能，实现了在诸多问题中的应用。1985 年，Schaffer[7]为了解决多个目标值的优化问题，首次将遗传算法与多目标优化理论相结合，提出了一种矢量评价遗传算法（Vector Evaluated Genetic Algorithm，VEGA）。1989 年，Goldberg[8]将经济学概念中的 Pareto 理论用于解决多目标优化问题的设计中。在该理论的影响下，多目标进化算法的求解能力得到了有效提高，相关研究也实现了进一步的发展。

随着相关学者对多目标进化算法的不断深入研究与设计，第一代以非支配排序和适应度值共享机制为主要特征的多目标进化算法被陆续提出，其中的典型算法有多目标遗传算法（Multiple Objective Genetic Algorithm，MOGA）、非劣排序遗传算法（Non-dominated Sorting Genetic Algorithm，NSGA）、小生境 Pareto 遗传算法（Niched Pareto Genetic Algorithm，NPGA）。1993 年，Fonseca 等[9]基于 Pareto 占优的概念提出了多目标遗传算法。随后，Srinivas 等[10]基于非支配排序的设计理念，提出了一种非劣排序遗传算法。1994 年，Horn 等[11]在非支配排序的基础上应用锦标赛选择机制，提出了小生境 Pareto 遗传算法。

从 1999 年开始，外部种群在算法中得到应用，以此为特征的第二代多目标进化算法也受到了各位学者的关注。在种群的进化过程中，外部种群主要用于收集表现优异的精英个体，并在每一代进化结束后通过随机反馈的方式再次进入种群，利用其性能来影响种群中的其余个体，从而帮助算法取得优异的结果。Zitzler 等[12]首次将外部种群运用于算法的设计中，并以此提出了强度 Pareto 进化算法（Strength Pareto Evolutionary Algorithm，SPEA），又通过改进设计提出了改进的强度 Pareto 进化算法（SPEA2）[13]。1999 年，Knowles 等[14]利用外部种群与空间超格机制设计了基于 Pareto 存档的进化策略（Pareto Archived Evolution Strategy，PAES）。2002 年，Deb 等[15]基于非劣排序遗传算法提出了经典的非支配排序遗传算法（Non-dominated Sorting Genetic Algorithm Ⅱ，NSGA-Ⅱ），该算法利用快速非支配排序方式降低了计算的复杂度，并通过精英保留机制保证了种群个体性能的优良性。

1.4.2 多目标元胞遗传算法研究现状

1948 年，数学家和计算机科学家冯·诺依曼（von Neumann）提出了用于模拟生命系统自复制现象的元胞自动机（Cellular Automata，CA）。CA 是描述自然界复杂现象的数学模型，主要由元胞、元胞空间、邻居和演化规则构成。元胞遗传算法（Cellular Genetic Algorithm，CGA）是将 CA 与 GA 结合起来的一种新的 GA。

目前,既有的将 CA 应用于 GA 的研究大体分为两类[16]:第一类用 CA 丰富的演化规则来替代传统 GA 中的某些遗传操作;第二类则以复杂系统理论为基础,将种群中的个体分配到元胞空间中,借助 CA 模型的邻居结构来进行 GA 的操作。有关学者对 CGA 开展了大量研究。选择压力可以粗略反映算法在全局寻优和局部寻优之间的平衡程度[17];选择压力大,算法的收敛速度快,但容易陷入局部最优;选择压力小,算法的搜索效率变低,过小的选择压力甚至会导致算法无法收敛。一些学者尝试用各种数学模型来描述选择压力曲线[18,19]。许多学者对选择压力的影响因素进行了研究,发现邻居结构和种群的比率[20]、元胞更新策略[21]及选择操作[22]对选择压力均有影响。因此,可通过对上述影响因素进行调节,进而改善算法的搜索能力。为了提升算法的性能,相关学者提出了多种改进的 CGA,如分层 CGA[23]、自适应种群和邻居的 CGA[24]、具有演化规则的 CGA[25]等。

随着多目标进化算法领域的不断发展,元胞自动机凭借其独特的优势,也被应用在了多目标优化领域。2001 年,Murata 等[26]通过设计改造,将多目标遗传算法与元胞自动机相结合,设计出了第一个元胞多目标遗传算法(C-MOGA)。2007 年,Alba 等[27]在城市移动自组网广播策略的解决过程中,根据多个目标值的优化要求,提出了一种新型多目标元胞遗传算法(cMOGA)。

为了实现更加优异的求解能力,Nebro 等[28]在多目标元胞遗传算法的基础上进一步改进,提出了元胞多目标遗传(MOCell)算法。该算法通过建立外部种群来收集进化过程中的精英个体,并利用反馈机制将每一代收集的精英个体反馈到对应的元胞结构中,强化了精英个体对于进化种群的影响。2015 年,Zhang 等[29]为了进一步探索种群结构对算法性能的影响,在原始元胞多目标遗传算法的基础上对传统的元胞结构进行了拓展,将二维的种群结构拓展转化成三维立体结构。在该结构下,种群中的元胞个体加强了相互之间的性能交流能力。同时,该算法还采用了一种新的性能评估方式来强化算法所获解的分布性能。2015 年,张屹等[30]对算法的原始选择算子进行了正交设计化的改造,提高了算法的求解性能。

元胞多目标遗传算法在解决两目标优化问题上取得了比较优异的结果,但是在三目标优化问题的求解中,该算法的性能还需要加强。因此,为了提高其在目标维度上升情况下的优化能力,Durillo 等[31]将元胞多目标遗传算法与差分进化(Differential Evolution,DE)算法[32]的繁殖机制进行了结合,并由此提出了元胞差分(Cellular Differential Evolution,CellDE)算法。CellDE 算法利用差分进化策略替换了原始算法的遗传进化方式,在保障多样性的情况下,改善了原始算法的进化效率。张屹等[33]为了强化算法的求解能力,在进化操作中利用定向差分的方式来引导算法的进化方向,保证算法可以实现较好的优化效果,同时采用一种带扰动的变异方式来增强算法跳出局部最优的能力。王亚良等[34]利用外部种群完全反馈的方式来提高算法的收敛性,在差分变异中设置了固定的阈值来保障算法在进化中后期的探索能力,并通过 k 最近邻距离来实现外部种群的修剪,强化精英个体对种群进化的作用。

有学者对元胞差分算法的变异方式进行了更深层次的改进,将多种差分进化模式引入算法的进化过程中,并通过随机分配的方式来发挥各种策略的优势,利用基于熵的拥挤距离评估方式来避免原先个体性能评估方式中存在的缺点,提高算法对个体优劣性的评估能力[35]。另有学者加强了外部种群在进化过程中的作用,在每一代种群进化后,将进化种群与收集精英个体的外部种群进行混合,然后利用非支配排序的方式从中筛选出精英个体来组成下一代的进化种群。该方式强化了外部种群对进化过程的影响,帮助算法改善了收敛性不佳的问题[36]。也有学者进一步研究了算法的进化过程,对不同阶段内的种群采用针对性的设计方案,通过不同的邻居结构形式与不同的外部种群维护方式来平衡算法的全局搜索与局部寻优能力,进而提高算法的综合性能[37]。

1.5   约束处理

在实际的工程应用中,进化算法的求解过程受到许多条件的制约与限制。依据约束条件的性质,约束条件可以划分为等式约束与不等式约束。面对带有约束的优化问题,进化算法在解的评估方式上需要进行变化。其评估的标准不仅需要考虑解的优劣性,还需要分析解的可行性。为了实现对工程问题的合理求解,算法的约束处理方式显得十分关键。目前,针对进化算法的约束处理,常见的方法有惩罚函数法、ε 约束处理法、约束占优准则和随机排列(Stochastic Ranking,SR)方法[38]等。

(1)惩罚函数法

惩罚函数法作为一种简单有效的方法,在进化算法中有着广泛的应用。该方法主要通过对目标函数添加对应的惩罚项来构造一个解的适应度函数,将原本的约束优化问题转变为无约束问题。惩罚函数又可以进一步分为静态惩罚函数法和动态/自适应惩罚函数法。惩罚项的构造通常是基于所获解违反模型所设定约束的程度。

(2)ε 约束处理法

ε 约束处理法通过人为设定 ε 值,将算法所求解依据约束的违反程度划分进不同的区域,且不同区域中的解采用不同的优劣评判标准。该方法的本质是通过 ε 水平比较的方法替换传统的个体优劣评价方式,将充分利用传统不可行域中表现优异的不可行解,为算法提供更好的收敛能力。

（3）约束占优准则

除了上述两种方法的应用外，约束占优准则也是一种有效的方法。该方法基于锦标赛选择机制，实现了对一个解如何约束占优于另一个解的表达。其具体执行条件如下。

①当 x 为计算所得可行解，而 y 为不可行解时，则 x 约束占优于 y。

②当 x 与 y 皆为不可行解，但 x 的约束违反度更小时，x 为更优解。

③当 x 与 y 都为可行解，但 x 实现 Pareto 占优于 y 时，x 为更优解。

该方法可以合理地实现将约束问题转化结合于多目标优化问题中，并且利用多目标优化的技术处理了转化后的约束问题。

（4）SR 方法

SR 方法是一种比较经典的约束处理方法。由于惩罚函数法较难平衡目标函数及惩罚项，因此 SR 方法提出了一种随机的机制对目标函数和惩罚项进行平衡。SR 方法中引入了解优劣的概率（P_f）来比较不可行域内解的优劣。具体来说，当两个解均为可行解时，只使用目标函数比较两个解的优劣；否则，使用目标函数来比较 P_f。

1.6 参数设置

在算法领域中，参数数量及其设置的复杂性常常用于衡量一个算法的优劣，因此，控制参数对于一个全局优化算法具有较大影响。为了合理地使用算法，发挥其性能，以下对算法控制总结了一些经验和规则。

例如，DE 算法中有以下参数需要设置：种群个数 N，最大迭代次数 G，缩放因子 F，交叉概率 CR，终止条件。

一般情况下，种群个数 N 越大，其中的个体就越多，种群的多样性越好，寻优的能力也就越强，但这会增加计算的难度。因此，种群个数 N 的取值不能无限大。一般而言，种群的数量介于 $5D$ 与 $10D$ 之间（D 为问题空间维度），不能少于 $4D$，这样可以确保算法具有足够的变异操作空间[6]。

DE 算法中比较重要的两个参数就是缩放因子 F 和交叉概率 CR。缩放因子 F 不仅控制着种群的多样性和收敛性，还决定偏差向量的方法比例，其取值一般在 $[0,2]$。缩放因子 F 取值过小，会造成算法"早熟"；而较大的缩放因子 F 可以增加逃离局部最优的概率，如图 1-4 所示。随着缩放因子 F 取值的增大，防止算法陷入局部最优的能力也增强。但是当缩放因子 F 的取值大于 1 时，想要算法快速收敛到最优值会变得十分不易，这是由于当差分向量的扰动大于两个个体之间的距离时，种群的收敛性会变得很差。因此，缩放因子 F 比较合理的取值在 0.6 左右。若种群过早收敛，那么 F 或 N 的取值应该增大。

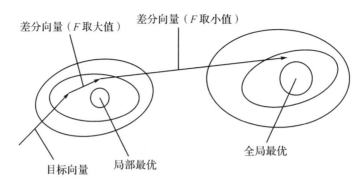

图 1-4　缩放因子 F 与算法陷入局部最优能力的关系

交叉概率 CR 可以控制个体参数的各维对交叉的参与程度及全局与局部搜索能力的平衡,一般选择$[0,1]$之间的实数。交叉概率 CR 越大,发生交叉的可能性就越大,算法也更容易收敛,但易发生"早熟"现象,因此比较合理的设置是 CR 取 0.3 左右。

最大迭代次数 G 是表示算法运行结束条件的一个参数,即算法运行到指定的迭代次数后就停止运行,并将当前群体中的最佳个体作为所求问题的最优解输出。G 值越大,最终结果越精确,更加接近实际目标,但是计算时间更长。最大迭代次数 G 的取值一般为 $100\sim500$。

除了最大迭代次数 G 可以作为算法的终止条件外,还可以增加其他判定标准。一般当目标函数值小于阈值的时候,程序终止运行,阈值通常选为 10^{-6}。

上述参数中,缩放因子 F、交叉概率 CR 与种群个数 N 是常数,一般缩放因子 F 和交叉概率 CR 影响搜索过程中的收敛速度和稳健性,它们的优化值不仅依赖于目标函数的特性,还与种群个数 N 有关。通常可以通过对不同阈值做一些试验之后,利用实验和结果误差找到 F、CR 和 N 的合适值。

第 2 章
基本的多目标元胞差分算法

元胞遗传算法是一类将元胞自动机原理和遗传算法相结合的算法,它主要借助 CA 中网格的拓扑结构和邻居等机制,使种群个体形成小生境,并带来一种隐性的个体迁徙机制,让优秀个体可以在种群中得到缓慢扩散,从而降低算法的选择压力。差分进化算法由 Storn 等[32]在 1995 年提出,它是一种过程简单、可调参数少、收敛速度快、全局搜索性能好的优化算法。将元胞遗传算法和差分进化算法进行互补得到的多目标元胞差分(CellDE)算法可以较好地保持解的多样性和收敛性。

2.1 元胞自动机

2.1.1 元胞自动机基本理论

作为 CGA 最大的特点之一,元胞化的种群结构对该类型算法具有重要的影响。为了加强种群个体在进化过程中的搜索能力,使个体之间的交流与影响更加紧密,元胞种群结构被设计、应用于算法的进化过程中。与常规进化种群的设计方式不同,元胞个体需要在整个进化过程中利用一个固定的种群结构来限定父本个体的选择范围,并且相同邻居结构下的每个元胞个体都拥有相同数量的邻居个体。每当种群中的某个元胞个体通过进化操作实现自身性能表现的提高时,该个体的性能优势就可以通过重叠的邻域范围对其相邻的个体进行性能上的影响。这种性能上的隐性迁移机制可以帮助算法将进化过程所形成的性能优势在整个进化种群中平缓地进行扩散,进而更持久地保持种群的优异性能[39]。

20 世纪 40 年代,冯·诺依曼最早提出了 CA 的概念。当时所设计的模型可以有效地展现元胞自动机自我复制的功能特点,但是受限于当时的技术,模型并没有得到进一步研究。

20 世纪 60 年代末,随着相关技术的逐渐成熟,元胞自动机开始得到越来越多的关注。其中,一种著名的元胞自动机模型——生命游戏被提出。该游戏在规则设置中运用了元胞自动机的功能原理,展现出了时间、空间与状态离散的动力学特性。

　　20世纪80年代,沃尔弗罗姆(Wolfram)对元胞自动机进行了更加深刻的研究,并对其进行了系统性的归纳与整合,为该模型的进一步研究发展打下了良好的理论基础。在上述理论的影响下,许多学者从多个角度对元胞自动机模型进行了更深层次的研究与创新,使元胞自动机模型得到了进一步的发展。20世纪80年代末至20世纪90年代初,有关学者依据传统元胞自动机发展出了格子气自动机(Lattice Gas Automata,LGA)和格子-玻尔兹曼方法(Lattice-Boltzmann Method,LBM)[40]。

　　元胞机是D维空间中一组元胞单元组成的阵列,每个元胞单元处于状态空间中的某种状态,各元胞单元下一时刻的转移状态根据相应的邻域函数规则(确定邻域范围及其到转移状态的映射)和各时间阶的邻域状态配置(确定邻域中元胞单元的状态)进行更新。

　　CA可表示为$CA = (A_D, Z_q, f_i(o, r), B)$,其中$i$为元胞单元的$D$维空间地址索引值;$r$为元胞机的邻域半径;$A_D = \prod_{i=0}^{D-1} Zn_i$为空间结构(其中$Zn_i$为模$n_i$的整数集);$Z_q$为状态空间,即元胞机中元胞单元$i$的状态取值范围;$f_i(o, r)$为邻域函数规则;$B$为边界条件。

　　元胞自动机的本质是一个动力学系统。该系统的特点为遵循一定的局部规则,可以在离散的时间维度与空间维度中实现进化演变的过程,结构如图2-1所示。因为元胞自动机模型具有大规模同步并行、结构简单等优势,所以能有效地针对一些复杂系统进行模拟仿真。而正是凭借该特点,该模型被广泛应用于信息科学、数学以及计算机科学等多个领域。

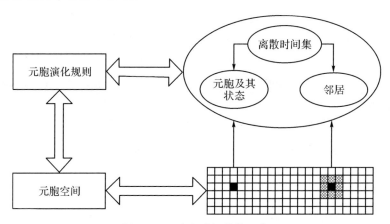

图2-1　元胞自动机结构示意

　　对于元胞自动机模型的结构而言,其基本组成部分有元胞、元胞空间、邻居与演化规则[41]。

（1）元胞

元胞也被称为基元、细胞，属于元胞自动机模型的基本单元。元胞主要分布在离散的一维、二维或多维的网格空间中，呈现出离散性的分布状态。元胞有着多种不同的表达形式，常见的形式有$\{0,1\}$，$\{有，无\}$，$\{好，坏\}$等。

（2）元胞空间

元胞空间指的是元胞所分布的空间位置，它存在多种几何形式，常见的如图 2-2 所示。

  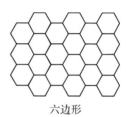

三角形　　　　　　　　　四边形　　　　　　　　　六边形

图 2-2　常见的元胞空间几何形式

（3）邻居

邻居在元胞自动机模型中起着十分关键的作用。元胞个体的邻居通常指当前元胞个体周围环境中所存在的其他元胞个体，即与当前元胞距离为 d 的所有元胞个体，如图 2-3 所示。

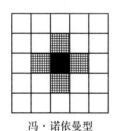 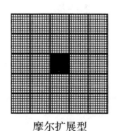

冯·诺依曼型　　　　　　摩尔(Moore)型　　　　　　摩尔扩展型

图 2-3　元胞自动机的邻居定义

（4）演化规则

根据元胞当前状态及其邻居所设置的情况来确定下一时刻该元胞状态的动力学函数即为一个状态转移函数。该函数构造了一种简单的、离散的空间/时间的局部物理成分。

从数学角度看，元胞自动机模型可以用式(2-1)表示：

$$CA = (L_d, S, N, f) \tag{2-1}$$

式中，CA 表示为一个元胞自动机；L_d 表示元胞空间(d 为空间维数)，它是一种离散的空间网格;元胞分布在元胞空间的网格点上,是元胞自动机中的基本单元,也是演化模型中的模拟对象;S 表示元胞的状态空间,是一个有限的状态集;N 表示一个元胞的邻域,是对中心元胞下一时刻的状态值产生影响的元胞集合,一维元胞自动机中通常以半径 R 来确定邻居,距离中心元胞在该半径之内的元胞,被认为是中心元胞的邻居;对于二维的元胞自动机模型来说,最常见的是冯·诺依曼(von Neumann)型、摩尔(Moore)型以及 Moore 扩展型三种形式;对于三维元胞自动机来说,同样以半径尺寸来确定邻居,距离中心元胞 R 内的球体或正方体内的元胞,被称为中心元胞的邻居;f 是元胞的状态转换函数,表示一个中心元胞的邻居状态到中心元胞下一时刻状态的局部演化规则,它取决于元胞邻居的定义、状态等。

元胞自动机是一个动态系统,它在时间维上的变化是离散的,即时间 t 是一个整数值,而且连续等间距。假设时间间距 $d_t = 1$,若 $t = 0$ 为初始时刻,那么 $t = 1$ 为其下一时刻。在上述转换函数中,一个元胞在 $t+1$ 时刻的状态通常取决于 t 时刻该元胞及其邻居元胞的状态。

演化规则是元胞自动机状态变化的条件集合。在实际应用中,演化规则是否可行、能否反映问题本质,是衡量元胞自动机能否成功的关键。因此,演化规则的设计是否合理对元胞自动机影响巨大。

(5)边界条件

从理论上讲,元胞空间是无限的,但在实际应用中用计算机进行处理时,必须给出元胞空间的大小。元胞空间边界网格点的邻居模式和元胞空间内部网格点的邻居模式是不一样的。对于这些特殊的网格点,有两种处理方式:一种是对它们单独指定不同的演化规则;另一种是采用特殊的边界条件。常用的边界条件有周期型边界(Periodic Boundary)条件、固定型边界(Constant Boundary)条件和反射型边界(Reflection Boundary)条件三种。这三种边界条件在一维空间上的示意如图 2-4 所示。

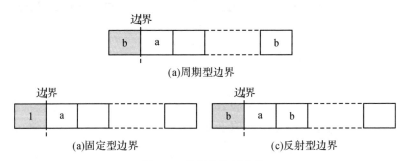

图 2-4　常用的边界条件

周期型边界将边界进行连接,这种方式接近于无限空间,被广泛应用于理论研究。对于一维空间,元胞空间首尾相连,构成一个环形;对于二维空间,元胞空间上下相接、左右相接,形成一个拓扑圆环面。固定型边界也叫定值型边界,所有边界外的元胞均取某一固定常量,如 0 或 1 等。在反射型边界中,边界外邻居元胞的状态是以边界元胞为轴的镜面反射。

2.1.2　元胞自动机特征

元胞自动机广泛应用于各个领域,一般具有以下几个典型特征[42]。

(1)同质性、齐性。同质性是指每个元胞在下一时刻的状态更新都要服从统一的演化规则;齐性是指所有元胞在分布方式、元胞大小和形状上相同,空间分布规则一致。

(2)空间离散性。在空间上,元胞按照一定的规则划分方式,分布在离散的元胞空间上。

(3)时间离散性。根据演化规则,整个系统按照等间隔时段分步演化,时间变量的取值为 $\{t, t+1, t+2, \cdots\}$。在微分方程中,时间变量是连续的,而在元胞自动机中,时间变量是等间隔离散的。

(4)状态离散性。元胞的状态集合 S 由有限个离散值 $\{S_0, S_1, \cdots, S_k\}$ 组成。

(5)并行性。在 $t+1$ 时刻,所有元胞的状态并行更新,这一特征非常适合并行计算。

(6)时空局限性。根据演化规则,一个元胞在某时刻(t)的状态,取决于上一时刻($t-1$)该元胞的状态及邻居元胞的状态,并且 $t-1$ 时刻的整个系统状态构型只影响 t 时刻的状态构型。这种时间和空间的局部性使得并行计算时计算量不会太大,保证了采用计算机模拟时的效率。

2.1.3　元胞自动机在进化算法中的应用

元胞进化种群结构类型对元胞遗传类算法具有重要影响。与常规进化种群的设计方式有所不同,元胞个体需要在整个进化过程中利用一个固定的种群结构来限定父本个体的选择范围。如图 2-5 所示,以 Moore 型邻居结构为例,每个个体有相同的邻居个数(边界的个体在同一行或同一列是首尾连通的)。种群中的个体只能与其邻居结构中的个体进行遗传操作。相邻个体的邻居结构之间存在着部分重叠,这使得子种群之间可以交流。这些特性使算法在局部寻优和全局寻优之间可以达到较好的平衡,有利于保持种群的多样性,提高算法的探索能力。不同邻居结构类型的应用特点也有所差异:邻居结构范围较小,种群自身的多样性可以较好地维护;邻居结构范围变大,种群的扩散衍变性得到增强。因此,合理使用算法种群的邻居结构类型对算法的优化能力有着重要影响。

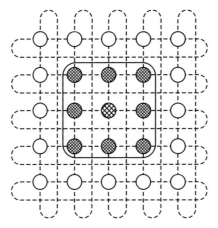

图 2-5 元胞进化种群结构

在元胞结构的作用下,种群中个体之间的性能交流能力得到了加强,有效推动了算法不断迭代优化的过程。在相关研究中,除了存在传统的 Moore 型邻居结构(同为 C9 型邻居结构)外,还存在 L5、L9、C13、C21、C25 等不同的结构类型[2],如图 2-6 所示。

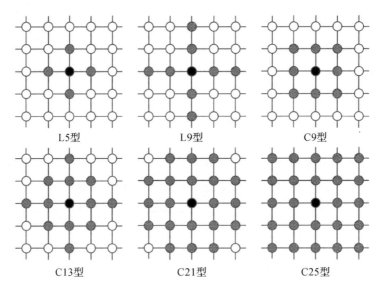

图 2-6 元胞进化种群结构类型

除了传统的二维结构,其还可拓展为三维结构,如图 2-7 所示。在算法应用中,该结构可以帮助元胞个体在更多维度实现交流进化,同时也可进一步提高个体性能在种群中的传播速度。

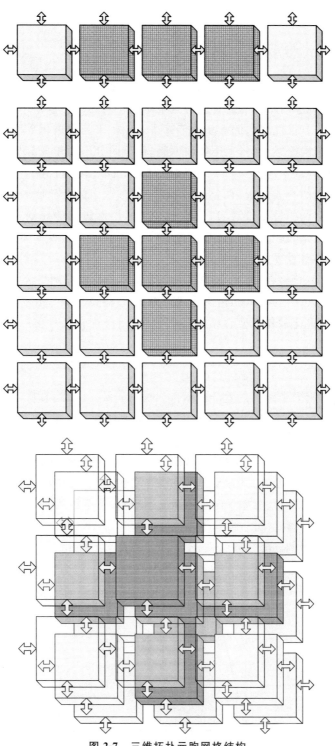

图 2-7　三维拓扑元胞网格结构

2.2　差分进化算法

DE 算法是一种基于群体进化的算法,具有记忆个体最优解和种群内信息共享的特点,即通过种群内个体间的合作与竞争对优化问题进行求解,本质上是一种基于实数编码的具有保优思想的贪婪遗传算法。相比于其他进化算法,DE 算法保留了基于种群的全局搜索策略,采用实数编码、基于差分的简单变异操作和一对一的竞争生存策略,降低了遗传操作的复杂性。同时,DE 算法特有的记忆能力使其可以动态跟踪当前的搜索情况,调整搜索策略,具有较强的全局收敛能力和鲁棒性,且不需要借助问题的特征信息,适于求解一些利用常规数学规划方法无法求解的复杂环境中的优化问题。因此,DE 算法为一种高效的并行搜索算法,对其进行理论和应用研究具有重要的学术意义和工程价值。

目前,DE 算法已经在许多领域得到了应用,如人工神经元网络、化工、电力、机械设计、机器人、信号处理、生物信息、经济学、现代农业、食品安全、环境保护和运筹学等[43]。

DE 算法的进化过程主要包括种群初始化、差分进化及性能评估,具体的进化过程如下。

(1)变异操作

DE 算法将不同个体间的差分向量作为扰动向量。DE 运算符通常由 DE/x/y/z 表示,其中 x 表示扰动向量的数量,y 表示差分向量的数量,z 表示交叉运算符。经典的 DE 算法使用 DE/rand/1/bin 来生成变异向量,具体算法的应用形式为:

$$V_{i,j} = X_{i,j} + F(X_{r1,j} - X_{r2,j}), i \in [1, N], j \in [1, d] \tag{2-2}$$

式中,$V_{i,j}$ 代表生成的变异个体;$X_{i,j}$ 代表当前元胞个体;$X_{r1,j}$、$X_{r2,j}$ 代表随机所选择的邻域范围内的个体;F 为差分向量的缩放因子,取值范围为 $[0,1]$;N 为算法所设置的种群规模;d 为解空间的维数。

以二维向量为例,DE/rand/1 的变异操作如图 2-8 所示。

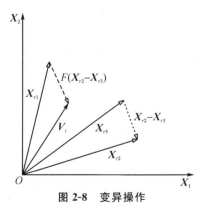

图 2-8　变异操作

（2）交叉操作

DE 算法利用设置的交叉概率对部分变异向量的元素进行替换,实现元素间的交叉互换操作,保障个体性能的更新,如式(2-3)所示:

$$\boldsymbol{U}_{i,j} = \begin{cases} \boldsymbol{V}_{i,j}, \text{rand}_{i,j} \leqslant CR, \ j = \text{rand}j(i) \\ \boldsymbol{X}_{r1,j}, \text{其他} \end{cases} \quad (2\text{-}3)$$

式中,$\text{rand}_{i,j}$ 为[0,1]之间均匀分布的随机数;CR 为介于[0,1]间的交叉常量;$\text{rand}j(i)$ $\in [1,2,\cdots,d]$。图 2-9 描述了交叉过程。

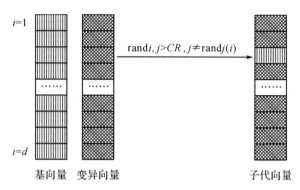

图 2-9　交叉过程

（3）选择操作

只有当子代的适应度优于父代基向量时,子代才能进入下一代进化种群,否则父代仍将继续进化。

在差分进化算法中,算法的控制参数对算法的性能有着很大的影响。缩放因子 F 控制加给基向量的扰动向量的大小。F 值增大,算法的搜索范围变大,但是局部搜索能力减弱;F 值减小,变异的步长变小,算法的局部开发能力提高,但是会增加算法的搜索时间,甚至导致算法陷入局部最优。CR 控制种群变异的程度。CR 值越大,个体基因变异的机会越大,种群的多样性提高,同时也能提高收敛速度,但是增加了算法出现早熟现象的概率;CR 值越小,算法的收敛速度越慢,但是算法比较稳定。由于优化问题特性的多样性,要想设计一组通用的控制参数很困难。

2.3　元胞遗传算法

元胞遗传算法作为一种结合元胞自动机模型与遗传进化方式的算法,可以充分发挥元胞化结构的特点和遗传进化的性能优势,其进化过程如图 2-10 所示。实现元胞遗传算法的进化需要将初始化的种群个体分布在二维环形网状结构中。在该种群结构中,行、列中的边界个体都可以实现首尾之间的相互连接。凭借该结构的特点,对于子代个体的生成,算法通常利用邻居结构的形式来划定当前个体的邻域范围。每当一个元胞个体开始进化时,需要在当前元胞个体和相邻元胞个体中选择相应数量的个体组成父本。然后,将选择所得的父本个体进行遗传进化的操作,使其生成子代个体。为了实现优胜劣汰的进化过程,子代个体需要与当前个体进行性能上的比较,如果子代个体的性能优于当前个体,则算法根据一定的替换策略对原始元胞个体进行替换。目前,元胞遗传算法的替换策略主要有同步策略与异步策略两种方式。同步策略指在下一代进化种群被创建时,所有种群中的个体同时进行更新,该方式属于一种并行的更新方式;异步策略则指在进化的过程中,种群通过一个特定的顺序逐个对子代个体进行更新。

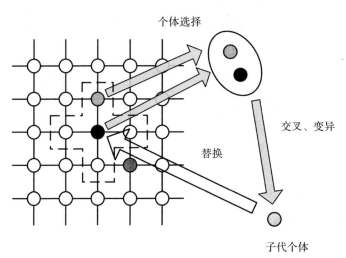

图 2-10　元胞遗传算法进化过程

在元胞遗传算法中,种群的结构可以是一个规则的三维网格,并且个体的邻居是由其相邻的六个方向上的个体组成。与其他多目标优化的元胞算法不同,该算法使用三维网格来组织种群。Pareto 前端是一个额外的种群(外部存档),由非支配解组成。外部存档存在大小限制,需要采用非支配排序管理外部存档,以获得多样化的组合。算法的具体实施为,首先创建一个空的 Pareto 前端,个体被安排在一个三维环形网格中,每个个体进行差分进化操作,直到满足终止条件。对于每个个体,选择三个父代,其中两个父代是通过二进制锦标赛选择的邻居,第三个则是当前个体。选择之后,该算法应用差分进化操作来生成新的后代,并评估生成的后代个体。根据结果,决定新的后代是否替换当前。然后将适当的后代插入外部存档。最后在每一代之后,从存档中选择个体随机替换原三维环形网格的部分个体完成反馈。算法进化过程如图 2-11 所示。

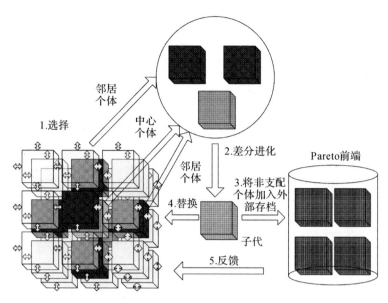

图 2-11　三维元胞遗传算法进化过程

2.4　多目标元胞遗传算法

2007 年,Alba 等[27]在原先元胞遗传算法的基础上,提出一种新的多目标元胞遗传算法——cMOGA,该算法是在标准元胞遗传算法基础上改进设计的,被认为是第一个基于标准元胞遗传算法模型的最完整、最新型的多目标遗传算法。2009年,Nebro 等[28]对 cMOGA 进行了改进,考虑通过提高算法的局部寻优能力来解决问题,提出了从外部辅助种群建立一个反馈机制。此机制的思想是再次利用已知的精英个体,即使辅助种群中目前为止所找到的非支配个体通过反馈机制再次进入繁殖循环,从而引导搜索找到具有良好收敛性及分布性的 Pareto 前端。基于这种反馈,Nebro 等[28]提出了一种新的多目标元胞遗传算法——MOCell 算法,其进化过程如图 2-12 所示。

MOCell 算法中,除添加了一个反馈机制外,还对外部种群的管理进行了修改。与 cMOGA 不同,它采用了一种基于距离的拥挤机制。其思想是当外部文档中的个体填满整个容器时,对每个个体的拥挤距离进行计算,拥挤值较低的个体被移除。MOCell 算法中的反馈机制就是利用拥挤机制得到外部种群中的优良个体,然后随机替换原种群中的个体。

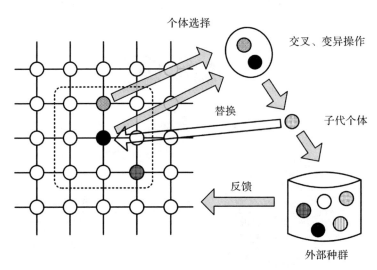

图 2-12　MOCell 算法进化过程

　　另外,如果新产生的个体优于当前个体,那么新产生的个体替换当前位置的个体。评价两个个体优劣的标准与 NSGA-Ⅱ 中使用的标准相同,即如果子个体支配当前个体,那么子个体占优;如果两个个体互相非支配,则拥有较大拥挤距离值的个体占优。

　　首先,将个体安排在二维的环形网格中。对于每个当前个体来说,从其周围邻居中选择两个个体作为父本,并进行交叉变异操作,产生子代。如果子代支配当前个体,或者子代和当前个体都处于非支配地位且子代的拥挤距离比当前个体的拥挤距离大,则子代个体代替当前个体。然后,将这些非支配的个体存放到外部文档中,同时对外部种群中的个体按拥挤距离进行排序,若文档中非支配个体超过了规定的容量,则将拥挤距离最小的个体删除。最后,在每代结束的时候,从外部存储种群中选取一些个体代替相同数量的原始种群中的个体,使种群不断地进行更新操作,令种群在保持种群多样性的同时,其非支配解集可不断逼近其 Pareto 最优前端。

　　MOCell 算法被看作是继 cMOGA 之后经典元胞遗传算法模型在多目标优化领域应用的第二代成果,其伪代码如表 2-1 所示。

表 2-1　MOCell 算法的伪代码

MOCell 算法的伪代码
1. Proc steps_up(mocell)//MOCell 参数设置
2. Pareto_front＝Create_Front()//创建一个空的 Pareto 前端文档
3. while ！ Termination Condition () do
4. for individual：1 to Size do
5.　 n_list ← Get_Neighborhood(cmoga, position(individual));

续表

MOCell 算法的伪代码

```
6.    parents ← Selection(n_list);
7.    offspring ← Recombination(cmoga. Pc, parent);
8.    offspring ← Mutation(cmoga. Pm, offspring);
9.    Evaluate_Fitness(offspring);
10.     Insert(position(individual), offspring, mocell, aux_pop);
11.     Insert_Pareto_Front(individual);
12. end for
13. mocell. pop ← aux_pop;
14. mocell. pop ← Feedback(mocell, ParetoFront);
15. end While
16. end_proc Steps_Up
```

2.5 多目标元胞差分算法

MOCell 算法在解决双目标优化问题时具有良好的效果,能够实现有效的求解,但该算法在求解三目标优化测试函数集时表现比较困难。因此,为了改善该缺点,Durillo 等[31]结合差分进化的方式,在原始算法的基础上进行改进,提出了一种新的算法——CellDE 算法。该算法耦合了元胞自动机的空间结构特点与差分算法的进化策略,有利于提高算法性能。

CellDE 算法的目的是将 MOCell 算法在求解双目标优化问题时的良好多样性与差分进化策略的优秀收敛性进行互补。CellDE 算法的基本思想是以 MOCell 算法为搜索引擎,利用差分进化过程中的繁殖机制来代替遗传算法中的交叉、变异等传统操作算子,以产生新个体。CellDE 算法的进化过程如图 2-13 所示。

CellDE 算法的基本原理如下。首先,随机产生初始种群和创建一个空的 Pareto 前端(即外部存档集,用来收集进化过程中的非支配个体),并将种群中的个体分配到二维环形网格中。其次,从当前个体的周围邻居中选出两个不同的个体,将其与当前个体共同作为父本,再进行差分进化操作获得子代,并计算子代的目标函数值。若子代支配当前个体,则用其替换当前个体;若子代与当前个体互不支配,则子代个体替换当前个体中的最差个体。在替换操作后,尝试将子代存入外部种群中,并判断子代能否被收集。最后,在每一代结束进化后,从外部种群中选取一定数量的个体来替换从网格中随机选取的个体。

根据对应算法的设计思路,其主要步骤如下。

(1)随机产生初始种群和创建一个空的外部存档集(用来收集进化过程中的非支配个体),并将种群中的个体分配到二维环形网格中。

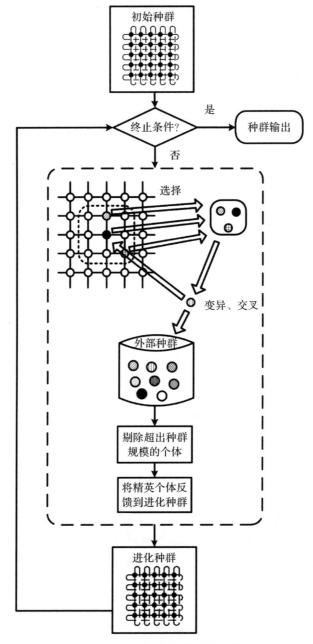

初始种群

终止条件?   是   种群输出

否

选择

变异、交叉

外部种群

剔除超出种群规模的个体

将精英个体反馈到进化种群

进化种群

图 2-13   CellDE 算法的进化过程

（2）从当前个体的周围邻居中选出两个不同的个体，将它们与当前个体共同作为父本，再进行差分进化操作获得子代。

（3）计算子代的目标函数值。如果子代支配当前个体，则用其替换当前个体；若子代与当前个体互不支配，则将子代替换当前个体邻居中的最差个体。在替换操作之后,尝试将子代存入外部存档集,并判断子代能否被收集。

　　(4)重复步骤(2)与步骤(3),直至完成网格中最后一个个体的进化。

　　(5)在每代进化结束后,从外部存档集选取一定数量的个体来替代从网格中随机选取的个体。

　　(6)继续进化,直到满足进化的终止条件。

　　元胞差分算法的伪代码如表 2-2 所示。

表 2-2　元胞差分算法的伪代码

元胞差分算法的伪代码
1. Proc Steps_Up (CellDE) //对 CellDE 进行参数设置
2. population ← Creat_Population () //创建初始种群
3. archive ← Creat_Archive () //创建外部种群
4. while ! Termination Condition () do //判断算法的终止条件
5.　for individual:1 to CellDE. populationsize do
6.　　neighborhood ← Get_Neighbors(population, position(individual));
7.　　parent1 ← Selection (neighborhood);
8.　　parent2 ← Selection (neighborhood);
9.　　while parent1＝parent2 do
10.　　　parent2 ← Selection (neighborhood);
11.　　end while
12.　　offspring ← DifferentialEvolution () //生成子代个体
13.　　EvaluateFitness (offspring); //性能评估
14.　　Insert (position (indivdual), offspring, population)
15.　　Add_to_Archive (individual); //添加至外部种群
16.　　Maintain (Archive); //外部种群的维护
17.　end for
18. end while

第 3 章
多目标进化算法性能评价

对 MOEA 性能进行评价时，一方面需要能客观反映 MOEA 优劣的评价工具或方法，另一方面需要选择比较有代表性的测试问题，通常选取有已知解的问题作为测试用例。对算法性能进行评价时主要考虑 MOEA 的效果和 MOEA 的效率这两类指标。MOEA 的效果是指算法获得的 Pareto 最优解集的质量，主要是指算法的收敛效果和分布效果。MOEA 的效率主要是指它在求取一个多目标优化问题的 Pareto 最优解集时所需要的 CPU 处理时间，以及它所占用的空间资源。本章主要讨论 MOEA 性能评价中的效果评价。

3.1 多目标进化算法性能评价方法

3.1.1 评价方法概述

目前有许多用于评价 MOEA 性能的工具或方法，它们大致可分为三类：第一类评价所求解集与真正 Pareto 最优前端的接近程度，主要用于评价 MOEA 的收敛性；第二类用来评价解集的分布性；第三类综合考虑解集的分布性和收敛性，用于评价解集的综合性能。设计 MOEA 性能评价方法时应该考虑以下几个特征[2]。

(1)函数值的范围应当为[0,1]，因为函数要用于不同代之间的比较，[0,1]的函数可以更方便地比较算法不同代之间的变化。

(2)期望函数值应当是可知的，即理论上的非支配集的分布度是可以计算得出的。

(3)评价曲线应当是随着进化代数的增加而递增或递减的，这样更有利于不同集合之间的比较。

(4)评价函数应适用于任意多个目标。尽管这不是绝对需要的，但是这样能使算法在不同目标维上进行比较。

(5)函数的计算复杂度不能过高。

3.1.2　算法的收敛性评价指标

理想条件下,算法的求解过程是一个不断逼近最优边界,最终达到最优边界的过程。但在实际求解过程中,对于一些特别复杂的多目标问题,通过算法寻找到真实的 Pareto 最优面存在困难,这意味着算法不能保证一定可以找到 Pareto 最优解,但可以尽可能地找到近似最优解。因此,如何辨别近似最优解的优劣就变得十分重要。

对多目标问题的解集与真实 Pareto 最优面的接近程度进行评价时,需要用到 $\pmb{PF}_{\text{known}}$ 与 $\pmb{PF}_{\text{true}}$ 两个基本参数,其中 $\pmb{PF}_{\text{known}}$ 为算法获得的 Pareto 最优面,$\pmb{PF}_{\text{true}}$ 为真正的 Pareto 最优面。下面给出几种常用的收敛性评价指标。

(1)错误率(Error Ratio,ER)

算法运行后可得到 $\pmb{PF}_{\text{known}}$,但 $\pmb{PF}_{\text{known}}$ 中某些解向量可能不在 $\pmb{PF}_{\text{true}}$ 中。如果这样的解存在,则说明某些解向量尚未被覆盖。定义未覆盖的解向量与群体规模的比例为错误率,可表示为[44]:

$$ER = \frac{\sum\limits_{i}^{n} e_i}{n} \tag{3-1}$$

式中,n 是 $\pmb{PF}_{\text{known}}$ 中的向量数目,$\pmb{PF}_{\text{true}} = \{X_1, X_2, \cdots, X_n\}$。定义 e_i 为:

$$e_i = \begin{cases} 0, X_i \in \pmb{PF}_{\text{true}}(i \in \{1, 2, \cdots, n\}) \\ 1, 其他 \end{cases} \tag{3-2}$$

例如,$ER = 0$ 表明 $\pmb{PF}_{\text{known}}$ 中所有解向量都在 $\pmb{PF}_{\text{true}}$ 中;$ER = 1$ 表明 $\pmb{PF}_{\text{known}}$ 中所有解向量均不在 $\pmb{PF}_{\text{true}}$ 中。

(2)覆盖(Coverage,C)指标

该指标能直接反映两组 Pareto 前端之间的支配关系,可表示为[45]:

$$C(A, B) = \frac{|\{b \in B; \exists a \in A, a \geqslant b\}|}{|B|} \tag{3-3}$$

式中,$a \geqslant b$ 称作 a 覆盖 b,是指 $a \succ b$ 或者 $f(a) = f(b)$。A、B 是两算法获得的 Pareto 解集。由于 A, B 这两个解集的交集并不一定为空,所以在评价一个算法的性能时,$C(A, B)$ 与 $C(B, A)$ 必须同时考虑。一般情况下,$C(A, B) \neq 1 - C(B, A)$,因此要分别计算 $C(A, B)$ 和 $C(B, A)$。

(3)世代距离(Generational Distance,GD)

世代距离用来表示 $\pmb{PF}_{\text{known}}$ 与 $\pmb{PF}_{\text{true}}$ 之间的间隔距离,可表示为[46]:

$$GD = \frac{\sqrt{\sum\limits_{i=1}^{n} d_i^2}}{n} \tag{3-4}$$

式中，n 为 $\mathbf{PF}_{\text{known}}$ 中解向量的数量，d_i 为第 i 个解的目标函数构成的向量与 $\mathbf{PF}_{\text{true}}$ 中最近的向量之间的欧氏距离。若结果为 0，则表示 $\mathbf{PF}_{\text{known}} = \mathbf{PF}_{\text{true}}$；而其他值则表示 $\mathbf{PF}_{\text{known}}$ 偏离 $\mathbf{PF}_{\text{true}}$ 的程度。

（4）最大 Pareto 前端出错率（Maximum Pareto Front Error，ME）

当对一个解集进行评价时，很难估计一个解集的一些向量优于其他解集的程度。例如，在比较 $\mathbf{PF}_{\text{known}}$ 和 $\mathbf{PF}_{\text{true}}$ 时，会考虑同时比较两个解集的趋近程度及两个解集的覆盖程度，这种情况下可引入评价 $\mathbf{PF}_{\text{known}}$ 在 $\mathbf{PF}_{\text{true}}$ 中每一维向量上的指标，即 ME，也就是要考虑 $\mathbf{PF}_{\text{known}}$ 中每一维向量与 $\mathbf{PF}_{\text{true}}$ 中最近向量的最小距离的最大者。以二维为例，该评价方法可定义为[47]：

$$ME \triangleq \max_j (\min_i |f_1^i(x) - f_1^i(x)|^p + |f_2^i(x) - f_2^i(x)|^p)^{1/p} \tag{3-5}$$

式中，i 和 j 分别是 $\mathbf{PF}_{\text{known}}$ 和 $\mathbf{PF}_{\text{true}}$ 的向量标识（$i = 1, 2, \cdots, n_1$；$j = 1, 2, \cdots, n_2$），$p = 2$。若结果为 0，则表示 $\mathbf{PF}_{\text{known}} \sqsubseteq \mathbf{PF}_{\text{true}}$；若出现其他的值，则表示 $\mathbf{PF}_{\text{known}}$ 中至少有一个向量不在 $\mathbf{PF}_{\text{true}}$ 中。

（5）基于距离的趋近度评价方法

Deb 等[48]在 2002 年提出了一种趋近度评价方法，该方法通过计算解集到参照集或 Pareto 最优解集的最小距离来衡量算法的趋近程度。距离越小，表明趋近程度越高。

该方法在评价一个 MOEA 的收敛性时需用到参考集 P^*，该参考集要么是已知的 Pareto 最优解集，要么是历代非支配集并集的非支配集，即 $P^* = \text{nondominated}$（$\bigcup_{t=0}^{T} Nds^{(t)}$），其中 $Nds^{(t)}$ 为第 t 代进化 $P^{(t)}$ 所对应的非支配集。由于 MOP 的 Pareto 最优解集一般很难得到，所以取参考集 P^* 作为历代非支配集并集的非支配集。

① 计算当前非支配集中每个个体 i 到 P^* 的最短欧氏距离：

$$pd_i = \min_{j=1}^{|P^*|} \sqrt{\sum_{k=1}^{m} \left[\frac{f_k(i) - f_k(j)}{f_k^{\max} - f_k^{\min}} \right]^2} \tag{3-6}$$

式中，$f_k^{\max}$ 和 $f_k^{\min}$ 分别为参考集 P^* 中第 k 个目标的最大值和最小值，m 为分目标的数目。

② 计算 pd_i 的平均值：

$$C(P^{(t)}) = \left[\sum_{i=1}^{|Nds^{(t)}|} pd_i \right] / |Nds^{(t)}| \tag{3-7}$$

为满足 $C(P^{(t)}) \in [0, 1]$，对式（3-7）做如下处理：

$$\bar{C}(P^{(t)}) = C(P^{(t)}) / C(P^{(0)}) \tag{3-8}$$

式中，$C(P^{(t)})$ 是衡量 MOEA 所求的解集趋近程度的值，其值越小，表明解集趋近于 Pareto 最优面的程度越高。$\bar{C}(P^{(t)})$ 的值处于 $[0, 1]$，当用于表达 MOEA 收敛速度时，其值越小，代表解集收敛越快。

3.1.3　算法的分布性评价指标

评价算法性能时,除了需要考虑算法的收敛性之外,还需要考虑算法解集的多样性,多样性也是度量算法性能的一个重要指标。现有研究认为,解集的多样性应当包括解集分布的均匀程度和解集分布的广度,并且对于解集中被支配的个体,可以不考虑其分布情况,换言之,只考虑非支配个体。下面有几种常见的分布性评价指标。

(1)分布指标(Spread,Δ)

该指标用来衡量算法获得的 Pareto 解集的分布情况,该指标的值越小,表明 Pareto 解集分布越均匀[15]。

$$\Delta = \frac{\sum\limits_{i=1}^{m} d(E_i,\Omega) + \sum\limits_{X \in \Omega} |d(X,\Omega) - \overline{d}|}{\sum\limits_{i=1}^{m} d(E_i,\Omega) + (|\Omega| - m)\overline{d}} \qquad (3\text{-}9)$$

$$d(X,\Omega) = \min_{Y \in \Omega, Y \neq X} \boldsymbol{F}(X) - \boldsymbol{F}(Y) \qquad (3\text{-}10)$$

$$\overline{d} = \frac{1}{|\Omega|} \sum_{X \in \Omega} d(X,\Omega) \qquad (3\text{-}11)$$

式中,m 为优化的目标个数,$(E_1,E_2,\cdots,E_m)$ 为 Pareto 最优解集中的 m 个极值解(在目标空间中,这些极值解映射为 m 个边界点),Ω 为算法所得的解集,$|\Omega|$ 为解集中解的个数,$\boldsymbol{F}(X)$ 为解 X 的目标向量,$\boldsymbol{F}(Y)$ 为解 Y 的目标向量,$d(X,\Omega)$ 为解 X 的目标向量 $\boldsymbol{F}(X)$ 与其他解的目标向量在目标空间的最小欧氏距离,$\overline{d}$ 为这些欧氏距离的平均值。

(2)空间度量指标(Spacing,S)

该指标用于衡量每个解的目标向量与其他解的目标向量之间的最小距离的标准偏差,用于衡量 $\boldsymbol{PF}_{known}$ 上解分布的"均匀性"[49]。

$$S = \sqrt{\frac{\sum\limits_{i=1}^{n_{PF}} (d_i' - \overline{d_i'})^2}{n_{PF} - 1}} \qquad (3\text{-}12)$$

式中,$\overline{d'} = \dfrac{1}{n_{PF}} \sum\limits_{i=1}^{n_{PF}} d_i'$;$n_{PF}$ 为 $\boldsymbol{PF}_{known}$ 上解的数目;d_i' 为 $\boldsymbol{PF}_{known}$ 上的第 i 个解与 $\boldsymbol{PF}_{known}$ 中最近的解之间的欧氏距离。

设 m 为目标空间的维数,则 d_i' 表达如下:

$$d_i' = \min_j \sqrt{[f_1^i(x) - f_1^j(x)]^2 + [f_2^i(x) - f_2^j(x)]^2 + \cdots + [f_m^i(x) - f_m^j(x)]^2} \qquad (3\text{-}13)$$

式中,$j \neq i$;$i,j = 1,2,\cdots,n_{PF}$。

如果 $S=0$,则表示 PF_{known} 中的所有解点呈均匀分布。该方法的优点是能与其他方法结合使用,可提供所得解的分布信息,使结果更为准确,且适用于二维以上的多目标问题;缺点是计算复杂度较高,不太适用于实际应用。

(3)最大延展度(Maximum Spread,MS)

通过计算 PF_{known} 覆盖 PF_{true} 的程度来衡量该近似解集的延展性能。设 P 为一组在 PF_{true} 上均匀采样的解集,S 为多目标进化算法求得的 PF_{known},其数学表达式如下[50]:

$$MS = \sqrt{\frac{1}{m}\sum_{i=1}^{m}\left[\frac{\min(S_i^{\max}-P_i^{\max})-\max(S_i^{\min}-P_i^{\min})}{P_i^{\max}-P_i^{\min}}\right]} \tag{3-14}$$

式中,$S_i^{\max}$ 和 $S_i^{\min}$ 表示近似解集 S 在第 i 个目标上的最大值和最小值,$P_i^{\max}$ 和 $P_i^{\min}$ 表示解集 P 在第 i 个目标上的最大值和最小值。MS 值越高,表示近似解集 S 覆盖在 P 上的区域越大,多样性越好。

3.1.4　算法的综合评价指标

综合评价指标通过一个标量值来同时反映算法的收敛性和分布性。具有代表性的综合评价指标有超体积、反世代距离、p 度量和平均豪斯多夫距离等。

(1)超体积(Hyper Volume,HV)

超体积为获得的 Pareto 解集在目标空间中所覆盖的体积。该指标是综合性指标,超体积值越大,说明算法获得 Pareto 解集的多样性、收敛性越好[12]。

$$HV = \bigcup_{i=1}^{|\Omega|} v_i \tag{3-15}$$

三维目标空间中,v_i 是由参考点 λ 与解 i 的目标向量作为对角点所形成的长方体的体积。为方便处理,可以将由最差的分目标值构成的一个向量作为参考点,合并所有 v_i,得到 HV。

(2)反世代距离(Inverted Generation Distance,IGD)

IGD 是指算法获得的非支配解集的所有个体到 Pareto 最优解集的平均距离。IGD 值越小,表明算法获得的解集的收敛性和多样性越好,越接近 Pareto 最优解集[45]。

$$IGD(P) = \frac{1}{|P^*|}\sum_{z^*\in P^*} d(z^*,P) \tag{3-16}$$

式中,P 为算法获得的解集,$d(z^*,P)$ 为 Pareto 最优解集中个体 $z^*\in P^*$ 到 P 的最小欧式距离,$|P^*|$ 为 P^* 的基数,即 Pareto 最优解集的个体数。

(3)p 度量(Polar Metric,p-metric)

该指标用于度量超多目标 PF 近似解集的性能指标。通过预设的参考向量将目标空间分割成若干子空间。如果满足 $i=\arg\max\limits_{\lambda^i\in V}\dfrac{(\lambda^i)^{\mathrm{T}}*\boldsymbol{F}(s)}{\|\lambda^i\|*\|\boldsymbol{F}(s)\|}$,其中 λ^i 表示第

i 个参考向量，$F(s)$ 表示个体 s 的解向量，则称个体 s 属于第 i 个子空间 Φ_i。在每个子空间 Φ_i 中离初始解 s 最近的距离 r_i 定义为 p 度量，其数学表达式如下[51]：

$$p\text{-metric} = \sum_{i=1}^{M} \frac{1}{r_i} \tag{3-17}$$

式中，M 表示子空间数目，$\frac{1}{r} = 0$ 表示该子空间内不存在个体。从式(3-17)中可以看出，PF 近似解集的多样性与子空间相关的个体数目有关。一个个体只能处于一个子空间内，但是一个子空间可以包含若干个个体。p 度量的精度并不能通过增加参考向量的方式来改进，因为 N 个个体最多处于 N 个子空间内。

（4）平均豪斯多夫距离（Average Hausdorff Distance，Δ_P）

Δ_P 是通过一组在真实 PF 上均匀采样的解集 P^* 和由算法求得的 PF 近似解集 S 来衡量解集的收敛性和多样性[52]。

$$\Delta_P(S, P^*) = \max(GD_P(S, P^*), IGD_P(S, P^*))$$

$$= \max\left(\left(\frac{1}{|S|} \sum_{x \in S} \text{dist}(x, P^*)^P\right)^{\frac{1}{P}}, \left(\frac{1}{|P^*|} \sum_{x \in P^*} \text{dist}(x, S)^P\right)^{\frac{1}{P}}\right)$$

$$\tag{3-18}$$

式中，$\text{dist}(x, P^*)$ 表示个体 $x \in S$ 到 S 上离其最近的个体之间的欧式距离，$|S|$ 表示集合 S 的基数。$\text{dist}(x, S)$ 表示个体 $x \in P^*$ 到 S 上离其最近的个体之间的欧式距离，$|P^*|$ 表示集合 P 的基数。Δ_P 越小，表示近似解集 S 能越好地近似整个 PF。

3.2 测试函数

一般来说，在选择算法性能测试函数时，应考虑以下几个基本特征。

①连续的或非连续的或离散的。

②可导的或不可导的。

③凹的或凸的。

④函数的形态（单峰的、多峰的）。

⑤数值函数或包含字母与数字的函数。

⑥二次方的或非二次方的。

⑦约束条件的类型（等式、不等式、线性的、非线性的）。

⑧低维的或高维的。

⑨欺骗问题或非欺骗问题。

⑩相对 PF_{true} 有偏好或无偏好。

为了提高算法研究与比较的效率，必须设计一些可以反映实际多目标优化问题基本特征的标准测试函数集,这一类标准函数集合应包含多目标问题邻域的基本知识。为此,Whitley 等[51]对多目标优化问题的测试函数设计提出了以下几点准则。

①测试函数必须是简单搜索策略不易解决的。

②测试函数中应包含非线性耦合、非对称问题。

③测试函数中应包含问题规模可伸缩的问题。

④一些测试函数的评估代价应具有可伸缩性。

⑤测试函数应有规范的表达形式。

除此之外,测试函数集应当包含一系列从"易"到"难"的数值优化问题,还应当包括反映实际应用问题的函数。

如何选择 MOP 的测试函数集,郑金华等[2]给出了以下三点建议。

(1)应当根据确定的目标,选择 MOP 测试函数集

MOEA 对"某几个"数值函数性能表现好坏,并不能说明该算法对复杂的实际应用问题的性能表现好坏,以及在科学设计和分析应用问题方面起到的作用。这意味着,某几个测试函数可以对不同算法的性能进行比较,但是通过比较得出的结论并不能说明算法在求解实际应用问题上能力的强弱。因此,应该根据确定的目标,选择 MOP 测试函数集。

(2)选择 MOP 测试函数集时,需要考虑问题邻域的基本特征

没有免费午餐(No Free Lunch,NFL)定理指出,如果涉及测试问题邻域的知识没有与算法方面的知识相结合,那么就无法保证算法的鲁棒性;同时,如果测试问题邻域的知识与算法方面的知识结合得过于紧密,又会降低算法在求解其他类问题甚至同类问题时的有效性,即算法是非鲁棒性的。因此,在选择 MOP 测试集时还要考虑问题邻域的基本特征。只要测试函数集包含了问题领域的主要特征,那么任意一个算法在求解同类问题时都会保持其效果和效率。综上分析,大部分典型的 MOP 问题邻域的显著特征有助于形成一个较完善的 MOP 测试集。

(3)测试集设计时,需要考虑 P_{true}(决策空间 Pareto 最优解)和 PF_{true} 的分布性对算法的要求

一个 MOEA 应当在收敛到 PF_{true} 的同时还保持较好的分布度。如果仅在逼近 PF_{true} 时再采取保持解的分布度的措施,则势必会影响算法的效果。并且,如果 PF_{true} 在目标空间的某些区域是稀疏的(可能是稀疏的曲线、离散的面等),则虽然在这部分区域内不对分布性做要求,但是在其他点密集的可行区域内仍然要求解的分布性。

目前已有不少多目标测试函数,下面给出几类测试函数,主要有 ZDT 系列测试函数、DTLZ 系列测试函数、MOP 系列测试函数、WFG 系列测试函数、LSMOP 系列测试函数。

3.2.1　相关概念介绍

(1)测试问题的特性

从测试问题的设计角度来看,决策空间到目标空间(决策—目标)的映射关系是非常重要的,尤其是 **PS** 和 **PF** 之间的映射关系,**PS** 决定了搜索的难度,**PF** 决定了什么样的解是一个 Pareto 最优解,映射关系将直接影响算法能否搜索到整个 Pareto 最优解。其中,一些问题特性往往通过改变映射关系来影响算法的搜索过程。

映射关系可以是一对一的,也可以是多对一的。对于优化算法,多对一的映射关系具有更高的难度,因此算法必须对两个在目标空间中相等的个体(决策向量)做出评价,并保留相对较好的个体(决策向量)。同样地,**PS** 和 **PF** 之间的映射关系也可能是一对一或者多对一的,在这种情况下,该问题可称为 Pareto 一对一或者 Pareto 多对一。多对一映射的一个特殊例子:在一个连续的决策空间内,所有决策向量对应目标空间中的单一值,则称这一特征为平坦区域。在该区域内,决策空间中变量发生一定的扰动并不会改变其目标值。假如某一问题的映射关系中绝大部分都是平坦区域,并且没有 Pareto 最优解的位置信息,则称其最优解为孤立解,带有孤立解的问题往往具有很高的难度。

映射关系中的一个重要特性是多峰特性。如果一个目标函数具有多个局部最优,则称该函数是多峰(multimodal)的;如果一个目标函数只有一个最优值,则称该函数是单峰(unimodal)的。多峰目标函数的一个特殊情况是带欺骗的目标函数。如果一个函数具有欺骗性,那么它至少包括两个最优值:一个是真正的最优值,另一个是欺骗性的最优值,并且搜索空间的绝大部分区域必须位于欺骗性最优区域的范围内。真正的最优值所对应的搜索区域非常狭窄,其被算法搜索到的概率非常小,从而容易陷入局部最优。映射关系中另外一个重要的特性是偏好。这一特性会使一组分布均匀的决策向量映射到目标空间后将不再是均匀的。该特性对整个搜索过程会产生重要影响,特别是当 **PS** 与 **PF** 的映射关系中存在偏转的情况时。

参数(这里参数与决策变量为同一概念,不做区分)依赖也是测试问题应具备的特性之一。给定单一目标 O、决策向量 X,定义一个变量 x_i 上的子问题 $P_{O,x,i}$,该子问题的全局最优为 $P_{O,x,i}^*$,如果 $P_{O,x,i}^*$ 只与 x_i 相关,而与决策向量 X 中其他参数无关,则称 x_i 在 O 上是可分的。x_i 在 O 上可分意味着,改变 x_i 使目标 O 达到最优 $P_{O,x,i}^*$ 时 x_i 保持不变,改变其他参数的值将不会对目标 O 的值产生影响。可分性这一概念,是针对某一个变量(x_i)相对于决策向量而言的,而对于特定目标 O,如果 x_i 是具有可分性的变量,那么目标 O 必然与 x_i 相关。如果某一个目标 O 的所有变量都具有可分性,则可以逐个优化决策向量 X 中的变量,使问题 $P_{O,x}$ 达到最优。如果一个问题中的所有目标都是可分的,则称该问题具有可分性,是一个可分问题。在多目标优化中,如果一个问题是可分的,那就意味着每个目标上的理想点(或最优点)都可以通过优化某一个参数来获得,由此可知,优化一个可分离的多目标问题要比优化一个同等规模的不可分离问题容易得多。

(2)Pareto 最优面的几何结构

在单目标问题中,最优解是一个点;而在多目标问题中,其 Pareto 最优面可能是线型、凸型或者凹型,也可能是由多个不同类型几何形状的结构组合而成。线型或者(超)平面型是这些类型的一种特殊情况。一个退化型结构是指 Pareto 最优面的维数必须少于其目标维数。例如,若一个三维目标问题的 Pareto 最优面是一个线段,那么该问题是退化型的;若一个三维目标问题的 Pareto 最优面是一个二维流形,那么该问题不是一个退化型问题。

3.2.2　测试函数分类

测试函数按照是否有约束,可分为带约束的测试函数和不带约束的测试函数,其中 ZDT、DTLZ1-7、WFG、MOP、LSMOP 系列问题均为不带约束的测试函数。

对于一个测试函数,它的 P_{true} 特征是多种多样的,P_{true} 存在于解空间中。多目标问题可由两个或多个函数组成,因此它的解空间会受到相应的限制。在这样的解空间中,P_{true} 可能呈现为连续或非连续的、超面上或独立的点,在形态上呈均匀的、规模可变的等。P_{true} 中的解可能是离散的或连续的,它们可能由一个或多个决策变量组成。PF_{true} 存在于目标空间中,PF_{true} 包括(非)连续的、(非)凸的、多维的这几个特征。实际上,任意一个 Pareto 面的结构,理论上都受到维数限制,会根据目标函数的个数发生变化。PF_{true} 的形态丰富,可以从单向量变化到高维的超平面。

如前所述,测试函数集应当包括所有可能的特征。在这种情况,虽然不一定能保证算法对所有的情况都有效,但至少可以保证其更加容易修改任意一个多目标进化算法为求解某一特定问题的搜索算法,并继续保持其效果和效率。

3.2.3　不带约束的数值测试函数集

(1)ZDT 系列测试函数

Zitzler 等[53]提出了 ZDT 系列测试函数,这是文献中使用较多的多目标测试函数。ZDT 系列测试函数包括六个测试函数,其中 ZDT5 测试函数的决策变量是二进制编码。ZDT 系列测试函数如表 3-1 所示。

表 3-1　ZDT 系列测试函数

测试函数	问题	参数域
ZDT1	$f_1(\boldsymbol{x})=x_1$ $f_2(\boldsymbol{x})=g(\boldsymbol{x})\left[1-\sqrt{x_1/g(\boldsymbol{x})}\right]$ $g(\boldsymbol{x})=1+9\left[(\sum\limits_{i=2}^{n}x_i)/(n-1)\right]$	$[0,1]$
ZDT2	$f_1(\boldsymbol{x})=x_1$ $f_2(\boldsymbol{x})=g(\boldsymbol{x})\left[1-(x_1/g(\boldsymbol{x}))^2\right]$ $g(\boldsymbol{x})=1+9\left[(\sum\limits_{i=2}^{n}x_i)/(n-1)\right]$	$[0,1]$
ZDT3	$f_1(\boldsymbol{x})=x_1$ $f_2(\boldsymbol{x})=g(\boldsymbol{x})\left[1-\sqrt{x_1/g(\boldsymbol{x})}-\dfrac{x_1}{g(\boldsymbol{x})}\sin(10\pi x_1)\right]$ $g(\boldsymbol{x})=1+9\left[(\sum\limits_{i=2}^{n}x_i)/(n-1)\right]$	$[0,1]$
ZDT4	$f_1(\boldsymbol{x})=x_1$ $f_2(\boldsymbol{x})=g(\boldsymbol{x})\left[1-\sqrt{x_1/g(\boldsymbol{x})}\right]$ $g(\boldsymbol{x})=1+10(n-1)+\sum\limits_{i=2}^{n}\left[x_i^2-10\cos(4\pi x_i)\right]$	$x_1\in[0,1]$ $x_i\in[-5,5],i=2,3,\cdots,n$
ZDT5	$f_1(\boldsymbol{x})=1+u(x_1)$ $f_2(\boldsymbol{x})=g(\boldsymbol{x})/f_1(\boldsymbol{x})$ $g(\boldsymbol{x})=\sum\limits_{i=2}^{n}v(u(x_i))$	$x_1\in\{0,1\}^{30};x_2,\cdots,x_n\in\{0,1\}^5$ $v(u(x_i))=\begin{cases}2+u(x_i),u(x_i)<5\\1,u(x_i)=5\end{cases}$
ZDT6	$f_1(\boldsymbol{x})=1-\exp(-4x_1)\sin^6(6\pi x_1)$ $f_2(\boldsymbol{x})=g(\boldsymbol{x})\left[1-(f_1(\boldsymbol{x})/g(\boldsymbol{x}))^2\right]$ $g(\boldsymbol{x})=1+9\left[(\sum\limits_{i=2}^{n}x_i)/(n-1)\right]^{0.25}$	$[0,1]$

　　在表 3-1 中,值得注意的是 ZDT4 测试函数,该函数的一个决策变量的区间是 $[0,1]$,其余变量的区间是 $[-5,5]$。五个测试函数的 Pareto 最优边界如图 3-1 所示,其中 ZDT3 具有不连续的 Pareto 最优边界,其最优边界是凹凸复合的边界。ZDT 系列测试函数包含了一些特征,其中 ZDT3 的 Pareto 最优边界是不连续的,ZDT6 的最优边界具有 Pareto 多对一的特性[54]。ZDT 系列测试函数的特征如表 3-2 所示(ZDT5 测试函数的变量采用二进制编码,本书不作介绍)。

　　ZDT 系列测试函数有一些优点:函数的 Pareto 最优边界可以明确给出,并且选用 ZDT 系列测试函数为测试对象的研究相对较多,有助于新算法性能的比较。ZDT 系列测试函数也存在一些缺点[54]:所有测试函数的目标个数仅有两个,未扩展到多个;所有测试函数均不具有不可分性。

表 3-2　ZDT 系列测试函数特征

测试函数	目标	可分性	模态	偏好	特征
ZDT1	f_1	可分	单峰	无偏	凹型
	f_2				
ZDT2	f_1	可分	单峰	无偏	凸型
	f_2				
ZDT3	f_1	可分	单峰	无偏	不连续
	f_2		多峰		
ZDT4	f_1	可分	单峰	无偏	凹型
	f_2		多峰		
ZDT6	f_1	可分	多峰	偏好	凸型
	f_2				

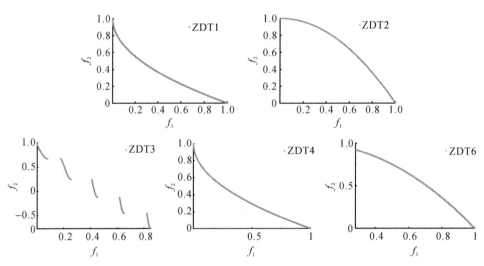

图 3-1　ZDT1～ZDT4 和 ZDT6 的 Pareto 最优边界

（2）DTLZ 系列测试函数

Deb 等[55]构建了 DTLZ 系列测试函数,该系列测试函数与 ZDT 系列测试函数的不同之处在于 DTLZ 系列测试函数的目标函数个数均可以扩展,而 ZDT 系列测试函数的目标函数只有两个。这种可以扩展的特性十分重要,因为其有助于高维多目标问题（Many-objective Optimization Problem,MaOP）的研究。

DTLZ 系列测试函数一共有九个,由于 DTLZ8 和 DTLZ9 存在约束,这里对 DTLZ8 和 DTLZ9 不作讨论。DTLZ 系列测试函数如表 3-3 所示。

表 3-3　DTLZ 系列测试函数

测试函数	问题	参数域
DTLZ1	$f_1(\boldsymbol{x})=0.5(1+g(\boldsymbol{x}_M))\prod\limits_{i=1}^{M-1}x_i$ $f_{m=2:M-1}(\boldsymbol{x})=0.5(1+g(\boldsymbol{x}_M))(\prod\limits_{i=1}^{M-m}x_i)(1-x_{M-m+1})$ $f_M(\boldsymbol{x})=0.5(1+g(\boldsymbol{x}_M))(1-x_1)$ $g(\boldsymbol{x}_M)=100\left[\mid\boldsymbol{x}_M\mid+\sum\limits_{x_i\in\boldsymbol{x}_M}((x_i-0.5)^2-\cos(20\pi(x_i-0.5)))\right]$	$[0,1]$
DTLZ2	$f_1(\boldsymbol{x})=(1+g(\boldsymbol{x}_M))\prod\limits_{i=1}^{M-1}\cos(x_i\pi/2)$ $f_{m=2:M-1}(\boldsymbol{x})=(1+g(\boldsymbol{x}_M))(\prod\limits_{i=1}^{M-m}\cos(x_i\pi/2))\sin(x_{M-m+1}\pi/2)$ $f_M(\boldsymbol{x})=(1+g(\boldsymbol{x}_M))\sin(x_1\pi/2)$ $g(\boldsymbol{x}_M)=\sum\limits_{x_i\in\boldsymbol{x}_M}(x_i-0.5)^2$	$[0,1]$
DTLZ3	$f_1(\boldsymbol{x})=(1+g(\boldsymbol{x}_M))\prod\limits_{i=1}^{M-1}\cos(x_i\pi/2)$ $f_{m=2:M-1}(\boldsymbol{x})=(1+g(\boldsymbol{x}_M))(\prod\limits_{i=1}^{M-m}\cos(x_i\pi/2))\sin(x_{M-m+1}\pi/2)$ $f_M(\boldsymbol{x})=(1+g(\boldsymbol{x}_M))\sin(x_1\pi/2)$ $g(\boldsymbol{x}_M)=100\left[\mid\boldsymbol{x}_M\mid+\sum\limits_{x_i\in\boldsymbol{x}_M}((x_i-0.5)^2-\cos(20\pi(x_i-0.5)))\right]$	$[0,1]$
DTLZ4	$f_1(\boldsymbol{x})=(1+g(\boldsymbol{x}_M))\prod\limits_{i=1}^{M-1}\cos(x_i^a\pi/2)$ $f_{m=2:M-1}(\boldsymbol{x})=(1+g(\boldsymbol{x}_M))(\prod\limits_{i=1}^{M-m}\cos(x_i^a\pi/2))\sin(x_{M-m+1}^a\pi/2)$ $f_M(\boldsymbol{x})=(1+g(\boldsymbol{x}_M))\sin(x_1^a\pi/2)$ $g(\boldsymbol{x}_M)=\sum\limits_{x_i\in\boldsymbol{x}_M}(x_i-0.5)^2$	$[0,1]$
DTLZ5	$f_1(\boldsymbol{x})=(1+g(\boldsymbol{x}_M))\prod\limits_{i=1}^{M-1}\cos(\theta_i\pi/2)$ $f_{m=2:M-1}(\boldsymbol{x})=(1+g(\boldsymbol{x}_M))(\prod\limits_{i=1}^{M-m}\cos(\theta_i\pi/2))\sin(\theta_{M-m+1}\pi/2)$ $f_M(\boldsymbol{x})=(1+g(\boldsymbol{x}_M))\sin(\theta_1\pi/2)$ $\theta_i=\dfrac{\pi}{4(1+g(\boldsymbol{x}_M))}(1+2g(\boldsymbol{x}_M)x_i),i=2,3,\cdots,(M-1)$ $g(\boldsymbol{x}_M)=\sum\limits_{x_i\in\boldsymbol{x}_M}(x_i-0.5)^2$	$[0,1]$

续表

测试函数	问题	参数域
DTLZ6	$f_1(\boldsymbol{x})=(1+g(\boldsymbol{x}_M))\prod_{i=1}^{M-1}\cos(\theta_i\pi/2)$ $f_{m=2,M-1}(\boldsymbol{x})=(1+g(\boldsymbol{x}_M))\,(\prod_{i=1}^{M-m}\cos(\theta_i\pi/2))\,\sin(\theta_{M-m+1}\pi/2)$ $f_M(\boldsymbol{x})=(1+g(\boldsymbol{x}_M))\sin(\theta_1\pi/2)$ $\theta_i=\dfrac{\pi}{4(1+g(\boldsymbol{x}_M))}(1+2g(\boldsymbol{x}_M)x_i),i=2,3,\cdots,(M-1)$ $g(\boldsymbol{x}_M)=\sum\limits_{x_i\in x_M}(x_i)^{0.1}$	$[0,1]$
DTLZ7	$f_{m=1,M-1}(\boldsymbol{x}_m)=x_m$ $f_M(\boldsymbol{x})=(1+g(\boldsymbol{x}_M))\left\{M-\sum\limits_{i=1}^{M-1}\left[\dfrac{f_i}{1+g}(1+\sin(3\pi f_i))\right]\right\}$ $g(\boldsymbol{x}_M)=1+\dfrac{9}{|\boldsymbol{x}_M|}\sum\limits_{x_i\in x_M}x_i$	$[0,1]$
DTLZ8	$f_j(\boldsymbol{x})=\dfrac{1}{\left\lfloor\dfrac{n}{M}\right\rfloor}\left(\sum\limits_{i=\lfloor(j-1)\frac{n}{M}\rfloor}^{\lfloor j\frac{n}{M}\rfloor}x_i\right),j=1,2,\cdots,M$ $g_j(\boldsymbol{x})=f_M(\boldsymbol{x})+4f_j(\boldsymbol{x})-1\geqslant0,j=1,2,\cdots,(M-1)$ $g_M(\boldsymbol{x})=2f_M(\boldsymbol{x})+\min\limits_{i,j=1;i\neq j}^{M-1}\left[f_i(\boldsymbol{x})+f_j(\boldsymbol{x})\right]-1\geqslant0$	$[0,1]$
DTLZ9	$f_j(\boldsymbol{x})=\dfrac{1}{\left\lfloor\dfrac{n}{M}\right\rfloor}\left(\sum\limits_{i=\lfloor(j-1)\frac{n}{M}\rfloor}^{\lfloor j\frac{n}{M}\rfloor}x_i^{0.1}\right),j=1,2,\cdots,M$ $g_j(\boldsymbol{x})=f_M^2(\boldsymbol{x})+f_j^2(\boldsymbol{x})-1\geqslant0,j=1,2,\cdots,(M-1)$	$[0,1]$

DTLZ 系列测试函数的特征如表 3-4 所示。

表 3-4   DTLZ 系列测试函数特征

测试函数	目标	可分性	模态	偏好	特征
DTLZ1	$f_{1,M}$	可分	多峰	无偏	线型
DTLZ2	$f_{1,M}$	可分	单峰	无偏	凸型
DTLZ3	$f_{1,M}$	可分	多峰	无偏	凸型
DTLZ4	$f_{1,M}$	可分	单峰	偏好	凸型
DTLZ5	$f_{1,M}$	—	单峰	无偏	—
DTLZ6	$f_{1,M}$	—	单峰	偏好	—
DTLZ7	$f_{1,M-1}$	不可分	单峰	无偏	不连续
	f_M	可分	多峰		

　　由表 3-4 可知,对于 DTLZ1~DTLZ4,这些函数可被认为具有可分性,因为尝试一次优化一个参数将识别至少一个全局最优值,同时 DTLZ1~DTLZ4 也有多个全局最优解[54]。DTLZ5~DTLZ6 被认为是具有退化 Pareto 边界的测试问题,通过进一步的研究发现,对于有四个及以上优化目标的 DTLZ5~DTLZ6,其 Pareto 最优边界不一定是退化的,因此 DTLZ5~DTLZ6 的可分性、Pareto 最优边界的特征尚不清楚。对于 DTLZ7,其 Pareto 最优边界是不连续的,Pareto 最优边界的大部分区域是凸型的。

　　DTLZ1~DTLZ7 的三目标 Pareto 最优边界如图 3-2 所示。当优化目标个数 $M=$ 3 时,DTLZ1 的 Pareto 最优边界是一个线性超平面;DTLZ2~DTLZ4 的 Pareto 最优边界是一个半径为 1 的 1/8 球面,DTLZ5~DTLZ6 的 Pareto 最优边界是一条曲线。

　　DTLZ 系列测试函数在测试问题的研究上取得了一定的进步。在 DTLZ 问题的研究中,学者们给出了一种测试函数的设计方法,该方法使研究人员可以在已知问题特征和 Pareto 最优边界的情况下,以可控的方式研究多目标问题的性质。但是 DTLZ 系列测试函数也存在着一定的不足:DTLZ 系列测试函数不涉及欺骗性测试问题;DTLZ 系列测试函数均不为不可分性测试问题;DTLZ 系列测试函数的特征不包含平坦区域。

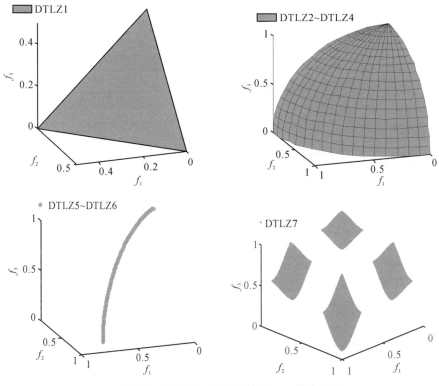

图 3-2　DTLZ1~DTLZ7 的 Pareto 最优边界

（3）WFG 系列测试函数

为了克服 DTLZ 系列测试函数的一些缺点，Huband 等[54]给出了 WFG 系列测试函数。WFG 系列测试函数的 Pareto 最优边界的形状是可控的，Pareto 最优边界形状可以是凹型的、凸型的、线型的、不连续的、退化的以及可以是这些形状特征的混合。WFG 系列测试函数的构造过程如下。

给定决策向量 $\boldsymbol{z}=(z_1,z_2,\cdots,z_k,z_{k+1},\cdots,z_n)$，其中

$$\min_{m=1:M} f = Dx_M + S_m h_m(x_1,x_2,\cdots,x_{M-1}) \tag{3-19}$$

$$\boldsymbol{x}=(x_1,x_2,\cdots,x_M)=(\max(t_M^P,A_1)(t_1^P-0.5)+0.5,\cdots,\max(t_M^P,A_{M-1})$$
$$(t_{M-1}^P-0.5)+0.5,t_M^P) \tag{3-20}$$

$$\boldsymbol{t}^p=\{t_1^p,\cdots,t_M^p\}\leftarrow\boldsymbol{t}^{p-1}\leftarrow\cdots\leftarrow\boldsymbol{t}^1\leftarrow\boldsymbol{z}_{[0,1]} \tag{3-21}$$

$$\boldsymbol{z}_{[0,1]}=(z_{1,[0,1]},z_{2,[0,1]},\cdots,z_{n,[0,1]})=(z_1/z_{1,\max},\cdots,z_n/z_{n,\max}) \tag{3-22}$$

上述构造过程中，$\boldsymbol{x}$ 为中间参数向量，$x_{1:M-1}$ 为对应向量的位置参数；$\boldsymbol{z}$ 为实际参数向量，$z_{1:k}$ 为位置参数，$z_{k+1:n}$ 为距离参数；$\boldsymbol{z}_{[0,1]}$ 由 $\boldsymbol{z}$ 各维参数标准化产生。由 $\boldsymbol{z}_{[0,1]}$ 产生 $\boldsymbol{x}$ 的过程中包含 p 次转换过程和一次退化处理过程，每次转换过程使用一个转换函数，为节省篇幅，此处不对转换函数一一列举。对于 $\boldsymbol{t}^P$ 中的每一维参数 t_i^P，$\max(t_M^P,A_i)(t_i^P-0.5)+0.5$ 为退化处理过程，$A_{1:M-1}\in\{0,1\}$ 为响应系数，如果 A_i 为 0，那么测试问题的 Pareto 最优前端的维数减一。$h_{1:M}$ 为特定结构的形状函数，D 和 $S_{1:M}$ 分别距离参数和形状函数的扩展参数。通过上述标准化的构造过程，可以构造出一个 WFG 测试问题实例，并且具备了用户定义的多种问题特性和特定的几何结构。

表 3-5 列出了九个 WFG 测试函数，并说明了各个测试函数构造过程中所使用的特性函数、形状函数以及其他重要特性。

表 3-5　WFG 系列测试函数

测试函数	类型	参数设置
全部	参数	$S_{m=1:M}=2m$ $D=1$ $A_1=1$ $A_{2:M-1}=\begin{cases}0,\text{WFG3}\\1,\text{其他}\end{cases}$
全部	值域	$z_{i=1:n,\max}=2i$

续表

测试函数	类型	参数设置
WFG1	形状	$h_{m=1:M-1} = \text{convex}_m$ $h_M = \text{mixed}_M(\text{with } \alpha = 1 \text{ and } A = 5)$
	t^1	$t^1_{i=1:k} = y_i$ $t^1_{i=k+1:n} = \text{s\_linear}(y_i, 0.35)$
	t^2	$t^2_{i=1:k} = y_i$ $t^2_{i=k+1:n} = \text{b\_flat}(y_i, 0.8, 0.75, 0.85)$
	t^3	$t^3_{i=1:n} = \text{b\_poly}(y_i, 0.02)$
	t^4	$t^4_{i=1:M-1} = \text{r\_sum}(\{y_{(i-1)k/(M-1)+1}, \cdots, y_{ik/(M-1)}\},$ $\{2((i-1)k/(M-1)+1), \cdots, 2ik/(M-1)\})$ $t^4_M = \text{r\_sum}(\{y_{k+1}, \cdots, y_n\}, \{2(k+1), \cdots, 2n\})$
WFG2	形状	$h_{m=1:M-1} = \text{convex}_m$ $h_M = \text{disc}_M(\alpha = \beta = 1, A = 5)$
	t^1	同 WFG1 中的 t^1
	t^2	$t^2_{i=1:k} = y_i$ $t^2_{i=k+1:k+l/2} = \text{r\_nonsep}(\{y_{k+2(i-k)-1}, y_{k+2(i-k)}\}, 2)$
	t^3	$t^3_{i=1:M-1} = \text{r\_sum}(\{y_{(i-1)k/(M-1)+1}, \cdots, y_{ik/(M-1)}\}, \{1, \cdots, 1\})$ $t^3_M = \text{r\_sum}(\{y_{k+1}, \cdots, y_{k+l/2}\}, \{1, \cdots, 1\})$
WFG3	形状	$h_{m=1:M} = \text{linear}_m(\text{degenerate})$
	$t^{1:3}$	同 WFG2 中的 $t^{1:3}$
WFG4	形状	$h_{m=1:M} = \text{concave}_m$
	t^1	$t^1_{i=1:n} = \text{s\_multi}(y_i, 30, 10, 0.35)$
	t^2	$t^2_{i=1:M-1} = \text{r\_sum}(\{y_{(i-1)k/(M-1)+1}, \cdots, y_{ik/(M-1)}\}, \{1, \cdots, 1\})$ $t^2_M = \text{r\_sum}(\{y_{k+1}, \cdots, y_n\}, \{1, \cdots, 1\})$
WFG5	形状	$h_{m=1:M} = \text{concave}_m$
	t^1	$t^1_{i=1:n} = \text{s\_decept}(y_i, 0.35, 0.001, 0.05)$
	t^2	同 WFG4 中的 t^2
WFG6	形状	$h_{m=1:M} = \text{concave}_m$
	t^1	同 WFG1 中的 t^1
	t^2	$t^2_{i=1:M-1} = \text{r\_nonsep}(\{y_{(i-1)k/(M-1)+1}, \cdots, y_{ik/(M-1)}\}, k/(M-1))$ $t^2_M = \text{r\_nonsep}(\{y_{k+1}, \cdots, y_n\}, l)$

测试函数	类型	参数设置
WFG7	形状	$h_{m=1:M} = \text{concave}_m$
	t^1	$t^1_{i=1:k} = \text{b\_param}\left(y_i, \text{r\_sum}(\{y_{i+1}, \cdots, y_n\}, \{1, \cdots, 1\}), \dfrac{0.98}{49.98}, 0.02, 50\right)$ $t^1_{i=k+1:n} = y_i$
	t^2	同 WFG1 中的 t^1
	t^3	同 WFG4 中的 t^2
WFG8	形状	$h_{m=1:M} = \text{concave}_m$
	t^1	$t^1_{i=1:k} = y_i$ $t^1_{i=k+1:n} = \text{b\_param}\left(y_i, \text{r\_sum}(\{y_1, \cdots, y_{i-1}\}, \{1, \cdots, 1\}), \dfrac{0.98}{49.98}, 0.02, 50\right)$
	t^2	同 WFG1 中的 t^1
	t^3	同 WFG4 中的 t^2
WFG9	形状	$h_{m=1:M} = \text{concave}_m$
	t^1	$t^1_{i=1:n-1} = \text{b\_param}\left(y_i, \text{r\_sum}(\{y_{i+1}, \cdots, y_n\}, \{1, \cdots, 1\}), \dfrac{0.98}{49.98}, 0.02, 50\right)$ $t^1_n = y_n$
	t^2	$t^2_{i=1:k} = \text{s\_decept}(y_i, 0.35, 0.001, 0.05)$ $t^2_{i=k+1:n} = \text{s\_multi}(y_i, 30, 95, 0.35)$
	t^3	同 WFG6 中的 t^2

WFG 系列测试函数的特征如表 3-6 所示。相关分析表明：只有 WFG1 和 WFG7 具有可分性，且为单峰；WFG6 和 WFG9 的不可分性的简化比 WFG2、WFG3 的不可分性的简化更困难；WFG4 的多峰区域比 WFG9 的多峰区域更大；WFG5 比 WFG9 有着更强的欺骗性；WFG8 具有不可分性。WFG 系列测试函数的三目标 Pareto 最优边界如图 3-3 所示。

表 3-6　WFG 系列测试函数特征

测试函数	目标	可分性	模态	偏好	几何形状
WFG1	$f_{1:M}$	可分	单峰	多项式、平坦	凹凸复合
WFG2	$f_{1:M-1}$	不可分	单峰	无偏	凹型，不连续
	f_M		多峰		
WFG3	$f_{1:M}$	不可分	单峰	无偏	线型，退化型

续表

测试函数	目标	可分性	模态	偏好	几何形状
WFG4	$f_{1:M}$	可分	多峰	无偏	凸型
WFG5	$f_{1:M}$	可分	欺骗性	无偏	凸型
WFG6	$f_{1:M}$	不可分	单峰	无偏	凸型
WFG7	$f_{1:M}$	可分	单峰	参数依赖	凸型
WFG8	$f_{1:M}$	不可分	单峰	参数依赖	凸型
WFG9	$f_{1:M}$	不可分	多峰,欺骗性	参数依赖	凸型

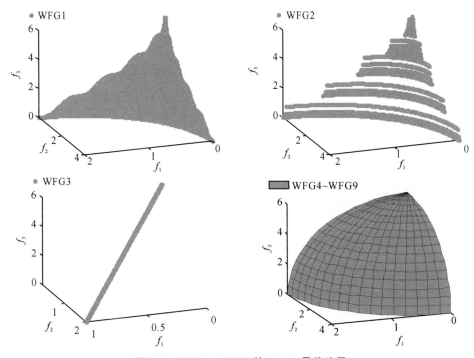

图 3-3　WFG1～WFG9 的 Pareto 最优边界

（4）MOP 系列测试函数

现有文献中有很多测试函数集,将这些测试集的子集汇总作为一个新的测试函数集是一种常见的构造测试函数集的方法。van Veldhuizen[56] 给出的 MOP 系列测试函数就是通过上述方法构造出的测试函数之一。MOP 系列测试函数如表3-7 所示。

表 3-7　MOP 系列测试函数

测试函数	问题	参数域
MOP1	$f_1(x) = x^2$ $f_2(x) = (x-2)^2$	$[-10^5, 10^5]$
MOP2	$f_1(x_1, x_2, \cdots, x_n) = 1 - \exp\left(-\sum_{i=1}^{n}(x_i - 1/\sqrt{n})^2\right)$ $f_2(x_1, x_2, \cdots, x_n) = 1 - \exp\left(-\sum_{i=1}^{n}(x_i + 1/\sqrt{n})^2\right)$	$[-4, 4]$
MOP3	Max $\quad f_1(x_1, x_2) = -1 - (A_1 - B_1)^2 - (A_2 - B_2)^2$ Max $\quad f_2(x_1, x_2) = -(x_1 + 3)^2 - (x_2 + 1)^2$ $A_1 = 0.5\sin1 - 2\cos1 + \sin2 - 1.5\cos2$ $A_2 = 1.5\sin1 - \cos1 + 2\sin2 - 0.5\cos2$ $B_1 = 0.5\sin x_1 - 2\cos x_1 + \sin x_2 - 1.5\cos x_2$ $B_2 = 1.5\sin x_1 - \cos x_1 + 2\sin x_2 - 0.5\cos x_2$	$[-\pi, \pi]$
MOP4	$f_1(x_1, x_2, x_3) = \sum_{i=1}^{2} -10\exp^{-0.2\sqrt{x_i^2 + x_{i+1}^2}}$ $f_2(x_1, x_2, x_3) = \sum_{i=1}^{3} |x_i|^{0.8} + 5\sin(x_i^3)$	$[-5, 5]$
MOP5	$f_1(x_1, x_2) = 0.5(x_1^2 + x_2^2) + \sin(x_1^2 + x_2^2)$ $f_2(x_1, x_2) = \dfrac{(3x_1 - 2x_2 + 4)^2}{8} + \dfrac{(x_1 - x_2 + 1)^2}{27} + 15$ $f_3(x_1, x_2) = \dfrac{1}{x_1^2 + x_2^2 + 1} - 1.1\exp(-x_1^2 - x_2^2)$	$[-30, 30]$
MOP6	$f_1(x_1) = x_1$ $f_2(x_1, x_2) = (1 + 10x_2)\left[1 - \left(\dfrac{x_1}{1 + 10x_2}\right)^2 - \dfrac{x_1}{1 + 10x_2}\sin(8\pi x_1)\right]$	$[0, 1]$
MOP7	$f_1(x_1, x_2) = \dfrac{(x_1 - 2)^2}{2} + \dfrac{(x_2 + 1)^2}{13} + 3$ $f_2(x_1, x_2) = \dfrac{(x_1 + x_2 - 3)^2}{36} + \dfrac{(-x_1 + x_2 + 2)^2}{8} - 17$ $f_3(x_1, x_2) = \dfrac{(x_1 + 2x_2 - 1)^2}{175} + \dfrac{(-x_1 + 2x_2)^2}{17} - 13$	$[-400, 400]$

　　MOP 系列测试函数的特征如表 3-8 所示。MOP3 和 MOP5 具有不可分性,且均为多峰,其中不可分性和多峰是实际问题常具有的特性。

　　MOP3~MOP6 的 Pareto 最优边界是不连续的,其中 MOP3 的 Pareto 最优边界由凸型区域组合而成,MOP4 的 Pareto 最优边界是由退化的点、凹型区域、凸型区域组合而成,MOP5 的 Pareto 最优边界由退化的直线、退化的凸型线、退化的凹型线组合而成,MOP6 的 Pareto 最优边界由凸型区域、凹型区域组合而成。

　　MOP7 的 Pareto 最优边界是连续的,并且其 Pareto 最优边界似乎是凸型的,

Pareto 最优边界的一些区域变成了退化型的线。

同样的,MOP 系列测试函数也存在一些不足:大部分测试函数的决策变量的个数是 2~3 个,不利于扩展决策变量的个数;测试函数的目标函数个数难以扩展成多个;测试函数中不包含欺骗性测试问题等。

表 3-8　MOP 系列测试函数特征

测试函数	目标	可分性	模态	偏好	特征
MOP1	f_1	可分	单峰	—	凹型
	f_2				
MOP2	f_1	可分	单峰	—	凸型
	f_2				
MOP3	f_1	不可分	多峰	—	不连续
	f_2	可分	单峰		
MOP4	f_1	可分	单峰	—	不连续
	f_2		多峰		
MOP5	f_1	不可分	多峰	—	不连续
	f_2		单峰		
	f_3		多峰		
MOP6	f_1	可分	单峰	—	不连续
	f_2		多峰		
MOP7	f_1	可分	单峰	—	—
	f_2	不可分			
	f_3	不可分			

(5)LSMOP 系列测试函数

尽管已有 ZDT 系列、DTLZ 系列等测试函数,但是这些测试函数未明显考虑到大规模多目标优化问题中决策变量的不同特性,为此,有学者提出了一种测试函数的构造方法,构造出了 LSMOP 系列测试函数[57]。该构造方法考虑了决策变量和目标函数之间的非均匀相关性以及混合可分性。

LSMOP 系列测试函数的构造公式如下:

$$F(x)=H(x^f)(I+G(x^s)) \tag{3-23}$$

式中,$G(x^s)=\mathrm{diag}(c_1\bar{g}_1(x^s),\cdots,c_M\bar{g}_M(x^s))$,$\bar{g}_i(x^s)=(\bar{g}_i(x_1^s),\cdots,\bar{g}_i(x_M^s))^\mathrm{T}$,$H(x^f)=[h_1(x^f),\cdots,h_M(x^f)]$,$F(x)=[f_1(x),\cdots,f_M(x)]$,$I$ 为单位矩阵,令 $C=(c_1,\cdots,c_M)^\mathrm{T}$,$x^f=(x_1,\cdots,x_{m-1})$,$x^s=(x_m,\cdots,x_n)$。

由式(3-23)构造出测试函数的分目标：

$$\begin{cases} f_1(\boldsymbol{x}) = h_1(\boldsymbol{x}^f)\big(1 + \sum_{j=1}^{M} c_{1,j} \times \bar{g}_1(x_j^s)\big) \\ \cdots \\ f_i(\boldsymbol{x}) = h_i(\boldsymbol{x}^f)\big(1 + \sum_{j=1}^{M} c_{i,j} \times \bar{g}_i(x_j^s)\big) \\ \cdots \\ f_M(\boldsymbol{x}) = h_M(\boldsymbol{x}^f)\big(1 + \sum_{j=1}^{M} c_{M,j} \times \bar{g}_M(x_j^s)\big) \end{cases} \tag{3-24}$$

由式(3-23)可知测试函数由 $\boldsymbol{H}(\boldsymbol{x}^f)$、$\boldsymbol{G}(\boldsymbol{x}^s)$组成，通过不同的 $\boldsymbol{H}(\boldsymbol{x}^f)$ 和 $\boldsymbol{G}(\boldsymbol{x}^s)$ 构造出 LSMOP 系列测试函数。

其中 $\boldsymbol{H}(\boldsymbol{x}^f)$ 包括了 $\boldsymbol{H}_1(\boldsymbol{x}^f)$、$\boldsymbol{H}_2(\boldsymbol{x}^f)$、$\boldsymbol{H}_3(\boldsymbol{x}^f)$。

$\boldsymbol{H}_1(\boldsymbol{x}^f)$ 可表示为：

$$\boldsymbol{H}_1(\boldsymbol{x}^f): \begin{cases} h_1(\boldsymbol{x}^f) = x_1^f \cdots x_{M-1}^f \\ h_2(\boldsymbol{x}^f) = x_1^f \cdots (1 - x_{M-1}^f) \\ \cdots \\ h_{M-1}(\boldsymbol{x}^f) = x_1^f \cdots (1 - x_2^f) \\ h_M(\boldsymbol{x}^f) = (1 - x_1^f) \end{cases} \tag{3-25}$$

$\boldsymbol{H}_2(\boldsymbol{x}^f)$ 可表示为：

$$\boldsymbol{H}_2(\boldsymbol{x}^f): \begin{cases} h_1(\boldsymbol{x}^f) = \cos\left(\frac{\pi}{2} x_1^f\right) \cdots \cos\left(\frac{\pi}{2} x_{M-2}^f\right) \cos\left(\frac{\pi}{2} x_{M-1}^f\right) \\ h_2(\boldsymbol{x}^f) = \cos\left(\frac{\pi}{2} x_1^f\right) \cdots \cos\left(\frac{\pi}{2} x_{M-2}^f\right) \sin\left(\frac{\pi}{2} x_{M-1}^f\right) \\ h_3(\boldsymbol{x}^f) = \cos\left(\frac{\pi}{2} x_1^f\right) \cdots \sin\left(\frac{\pi}{2} x_{M-2}^f\right) \\ \cdots \\ h_{M-1}(\boldsymbol{x}^f) = \cos\left(\frac{\pi}{2} x_1^f\right) \sin\left(\frac{\pi}{2} x_2^f\right) \\ h_M(\boldsymbol{x}^f) = \sin\left(\frac{\pi}{2} x_1^f\right) \end{cases} \tag{3-26}$$

$\boldsymbol{H}_3(\boldsymbol{x}^f)$ 可表示为：

$$\boldsymbol{H}_3(\boldsymbol{x}^f):\begin{cases} h_1(\boldsymbol{x}^f)=\dfrac{x_1^f}{1+g_1(\boldsymbol{x}^s)} \\[2mm] h_2(\boldsymbol{x}^f)=\dfrac{x_2^f}{1+g_2(\boldsymbol{x}^s)} \\[2mm] \cdots \\[2mm] h_{M-1}(\boldsymbol{x}^f)=\dfrac{x_{M-1}^f}{1+g_{M-1}(\boldsymbol{x}^s)} \\[2mm] h_M(\boldsymbol{x}^f)=\Big(M-\sum\limits_{i=1}^{M-1}\dfrac{x_i^f(1+\sin(3\pi x_i^f))}{g_M(\boldsymbol{x}^s)}\Big)\times\dfrac{2+g_M(\boldsymbol{x}^s)}{1+g_M(\boldsymbol{x}^s)} \end{cases} \tag{3-27}$$

$\boldsymbol{G}(\boldsymbol{x}^s)$ 涉及 $\overline{g}_i(x_j^s),\overline{g}_i(x_j^s)$ 可表示为：

$$\overline{g}_i(x_j^s)=\frac{1}{n_k}\sum_{j=1}^{n_k}\frac{\eta(x_{i,j}^s)}{|x_{i,j}^s|} \tag{3-28}$$

η 是从六个单目标函数中选出来的函数，可以选用 Sphere 函数、Schwefel 函数、Rosenbroc 函数、Rastrigin 函数、Griewank 函数和 Ackley 函数为六个单目标函数构造 $\overline{g}_i(x_j^s)$，以上六个单目标函数分别用 $\eta_1\sim\eta_6$ 表示。

其中，Sphere 函数可表示为：

$$\eta_1(\boldsymbol{x})=\sum_{i=1}^{|\boldsymbol{x}|}(x_i)^2 \tag{3-29}$$

Schwefel 函数可表示为：

$$\eta_2(\boldsymbol{x})=\max_i\{|x_i|,1\leqslant i\leqslant|\boldsymbol{x}|\} \tag{3-30}$$

Rosenbroc 函数可表示为：

$$\eta_3(\boldsymbol{x})=\sum_{i=1}^{|\boldsymbol{x}|-1}\big[100(x_i^2-x_i+1)^2+(x_i-1)^2\big] \tag{3-31}$$

Rastrigin 函数可表示为：

$$\eta_4(\boldsymbol{x})=\sum_{i=1}^{|\boldsymbol{x}|}(x_i^2-10\cos(2\pi x_i)+10) \tag{3-32}$$

Griewank 函数可表示为：

$$\eta_5(\boldsymbol{x})=\sum_{i=1}^{|\boldsymbol{x}|}\frac{x_i^2}{4000}-\prod_{i=1}^{|\boldsymbol{x}|}\cos\Big(\frac{x_i}{\sqrt{i}}\Big)+1 \tag{3-33}$$

Ackley 函数可表示为：

$$\eta_6(\boldsymbol{x})=-20\exp\left(-0.2\sqrt{\frac{1}{|\boldsymbol{x}|}\sum_{i=1}^{|\boldsymbol{x}|}x_i^2}\right)-\exp\Big(\frac{1}{|\boldsymbol{x}|}\sum_{i=1}^{|\boldsymbol{x}|}\cos(2\pi x_i)\Big)+20+e \tag{3-34}$$

为了便于 $\overline{g}_i(x_j^s)$ 扩展成任意 M 维的目标函数，将 $\overline{g}_i(x_j^s)$ 分成两组，可表示为：

$$\begin{cases} \overline{g}^{\,\mathrm{I}}(x_i^s) = \{\overline{g}_{2k-1}(x_i^s)\} \\ \overline{g}^{\,\mathrm{II}}(x_i^s) = \{\overline{g}_{2k}(x_i^s)\} \end{cases} \tag{3-35}$$

$G(x^s)$ 中同样也涉及 C，C 由 C_1、C_2、C_3 组成，可表示为：

$$C_1 = \begin{pmatrix} 1 & 0 & \cdots & 0 \\ 0 & 1 & \cdots & 0 \\ \vdots & \vdots & \ddots & \vdots \\ 0 & 0 & \cdots & 1 \end{pmatrix} \tag{3-36}$$

$$C_2 = \begin{pmatrix} 1 & 1 & 0 & \cdots & 0 \\ 0 & 1 & 1 & 0 & \vdots \\ \vdots & 0 & \vdots & \vdots & 0 \\ \vdots & 0 & 0 & 1 & 1 \\ 0 & \cdots & \cdots & 0 & 1 \end{pmatrix} \tag{3-37}$$

$$C_3 = \begin{pmatrix} 1 & 1 & \cdots & 1 \\ 1 & 1 & \cdots & 1 \\ \vdots & \vdots & \ddots & \vdots \\ 1 & 1 & \cdots & 1 \end{pmatrix} \tag{3-38}$$

为了产生均匀分布的解集，在 LSMOP 系列函数中定义一个函数 L，L 可定义为：

$$L = \begin{cases} L_1, \text{线性} \\ L_2, \text{非线性} \end{cases} \tag{3-39}$$

$$L_1(x^s) = \left(1 + \frac{i}{|x^s|}\right) \times (x_i^s - l_i) - x_1^f \times (u_i - l_i) \tag{3-40}$$

$$L_2(x^s) = \left[1 + \cos\left(0.5\pi \frac{i}{|x^s|}\right)\right] \times (x_i^s - l_i) - x_1^f \times (u_i - l_i) \tag{3-41}$$

式中，u_i、l_i 分别是决策变量 x_i^s 的上界和下界。

于是，LSMOP 系列测试函数可由上述函数定义，如表 3-9 所示。

表 3-9   LSMOP 系列测试函数

测试函数	L	H	g^{I}	g^{II}	C	参数域
LSMOP1	L_1	H_1	η_1	η_1	C_1	$[0,1]$
LSMOP2	L_1	H_1	η_5	η_2	C_1	$[0,1]$
LSMOP3	L_1	H_1	η_4	η_3	C_1	$[0,1]$
LSMOP4	L_1	H_1	η_6	η_5	C_1	$[0,1]$
LSMOP5	L_2	H_2	η_1	η_1	C_2	$[0,1]$
LSMOP6	L_2	H_2	η_3	η_2	C_2	$[0,1]$

续表

测试函数	L	H	g^{I}	g^{II}	C	参数域
LSMOP7	L_2	H_2	η_6	η_3	C_2	$[0,1]$
LSMOP8	L_2	H_2	η_5	η_1	C_2	$[0,1]$
LSMOP9	L_2	H_3	η_1	η_6	C_3	$[0,1]$

LSMOP 系列测试函数特征如表 3-10 所示。其中,LSMOP1～LSMOP4 具有线型的 Pareto 最优边界,LSMOP5～LSMOP8 具有凹型的 Pareto 最优边界,LSMOP9 具有不连续的 Pareto 最优边界。

此外,前四个测试问题(LSMOP1～LSMOP4)被设计为具有线性变量链接,而其他五个测试问题(LSMOP5～LSMOP9)被设计为具有非线性变量链接。对于适应度景观,问题采用了单目标优化文献中广泛使用的六个基本测试函数,其中三个是可分离的,另外三个是不可分离的。最后,LSMOP 系列测试函数包含了变量组与目标函数之间的三种关系,包括了可分离相关、重叠相关和完全相关。

表 3-10　LSMOP 系列测试函数特征

测试函数	目标	可分性	模态	偏好	特征
LSMOP1	$f_{1:M}$	可分	单峰	无偏	线型
LSMOP2	$f_{1:M}$	不可分	多峰	无偏	线型
LSMOP3	$f_{1:M}$	不可分	多峰	无偏	线型
LSMOP4	$f_{1:M}$	不可分	多峰	无偏	线型
LSMOP5	$f_{1:M}$	可分	单峰	无偏	凹型
LSMOP6	$f_{1:M}$	不可分	多峰	无偏	凹型
LSMOP7	$f_{1:M}$	不可分	多峰	无偏	凹型
LSMOP8	$f_{1:M}$	不可分	多峰	无偏	凹型
LSMOP9	$f_{1:M}$	可分	多峰	无偏	不连续

3.2.4　带约束的数值测试函数集

带约束的数值测试函数集是针对带约束的多目标优化问题(Constrained Multi-objective Optimization Problem,CMOP)设计的。然而,对于带约束的数值测试函数集的研究相对不多,现有带约束的数值测试函数集包括 CF 系列测试函数[58]、DAS-CMOP 系列测试函数[59]、MOP-C1～MOP-C5 测试函数[56]、带约束的 DTLZ 系列测试函数(C1-DTLZ1、C1-DTLZ3)[60]。

3.2.5   其他测试函数集

除了上述测试函数集之外,还有其他一些测试函数集。

(1)LZ09_F1~LZ09_F9[61]、ZZJ08_F1~ZZJ08_F10[62]。这两个测试函数集不仅具有复杂的 *PS*,而且变量间也具有相关性。

(2)CPFT1~CPFT8[63]。这系列测试函数是针对退化问题提出的,具有三个优化目标,而且其 *PF* 的局部具有混合维数,也就是说其中一部分为一维的曲线,另一部分则为二维的曲面。

(3)BT1~BT9[64]。这系列测试函数是针对在 Pareto 解的决策变量上发生细小的改变可能引起与之对应的目标向量的显著变化而提出来的。这九个测试函数中,BT1~BT9 是由距离变化引出的,其中 BT3、BT4 具有位置的变化。

第 4 章
外部种群完全反馈的元胞差分算法设计及应用

基本的多目标元胞差分算法在解决三目标优化问题时已经取得较好的效果，但算法在进化过程中对外部种群的维护时间开销比较大。尽管采用部分反馈机制有助于保持解集的多样性，但这同时也降低了算法的收敛速度。另外，在算法陷入局部最优时，原有的差分变异方式不易使算法跳出局部最优。为此，本章提出一种外部种群完全反馈的元胞差分（NCellDE）算法，并对算法性能进行测试与分析[34,65]。首先对 CellDE 算法的外部种群的多样性维护机制、外部种群的反馈机制、个体的变异方式等进行改进；然后对 NCellDE、CellDE、NSGA-Ⅱ和 SPEA2 进行性能测试、对比及分析；最后构建车间设备单元随机布置模型，将 NCellDE 算法和 CellDE 算法用于求解该模型，进一步检验完全反馈机制和扰动变异对算法跳出局部最优的有效性。

4.1 外部种群完全反馈的元胞差分算法

4.1.1 外部种群多样性维护机制

CellDE 算法的外部种群多样性维护机制采用 SPEA2 的多样性评估方法，为了更好地维护外部种群的多样性，NCellDE 算法采用了一种新的多样性维护方法，图 4-1 为具体的筛选过程。

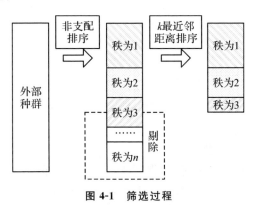

图 4-1 筛选过程

对外部种群进行非支配排序,选择过程中会出现三种情况:①如果外部种群中秩为 1 的个体数量恰好等于外部种群规模,则不需要剔除;②如果外部种群中秩为 1 的个体数量大于外部种群规模,则基于 k 最近邻距离来修剪外部种群;③如果外部种群中秩为 1 的个体数量小于外部种群规模,则基于秩与 k 最近邻距离来修剪外部种群。首先提取秩为 1 和秩为 2 的个体,若这两层的个体数量超过了外部种群规模,则计算秩为 2 的个体在这两层个体中的 k 最近邻距离;然后根据剔除 k 最近邻距离最小的原则,逐个剔除秩为 2 的个体,直到这两层的个体总数等于外部种群规模,若这两层的个体数量仍然小于外部种群规模,则筛选秩为 3 的个体;以此类推,直到保留的个体总数达到外部种群规模为止。为了消除不同目标间的量纲影响,算法在计算 k 最近邻距离前对所有的目标值进行了归一化处理,而基于 k 最近邻距离的修剪方法采用了 SPEA2 的方法。

在 SPEA2 中,当非支配解的个数超过设定规模时,采用 k 最近邻距离来修剪种群。种群中的每一个个体与其他个体在目标空间存在着距离(两个点之间的欧式距离),对这些距离从小到大排序,得到每个个体的 k 最近邻距离。修剪时总是选择第 k 最近邻距离最小的个体作为被剔除的对象(k 从 1 开始)。第 k 最近邻距离相等的个体,再比较它们的第 $(k+1)$ 最近邻距离,然后剔除第 $(k+1)$ 最近邻距离小的个体,其他情况以此类推,个体 a 与个体 b 的第一最近邻距离最小(a、b 两点的距离),考虑它们的第二最近邻距离,由于个体 b 的第二最近邻距离(b、c 两点的距离)小于个体 a 的第二最近邻距离(a、c 两点的距离),所以个体 b 最先被剔除;在剩下来的个体中,个体 d 的第二最近邻距离(d、e 两点的距离)要比个体 c 的第二最近邻距离(c、e 两点的距离)小,所以个体 d 被剔除。如图 4-2 所示。

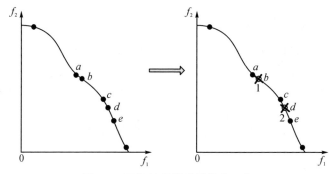

图 4-2   双目标空间种群修剪示意

4.1.2   个体优劣评判标准

子代与当前个体互不支配时,可尝试将子代替换当前个体所在邻居结构中(含子代)的最差者。个体的优劣评判标准不再基于秩与拥挤距离,而是采用类似外部种群的多样性维护方法,即基于秩与 k 最近邻距离。

4.1.3 外部种群完全反馈

CellDE 算法与 NCellDE 算法的外部种群反馈方式示意如图 4-3 所示。

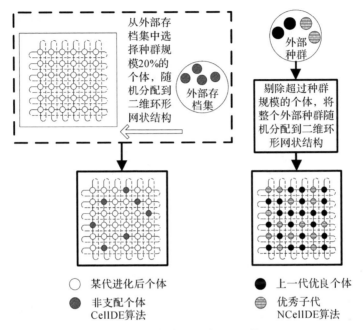

图 4-3 外部种群反馈方式比较

CellDE 算法采用部分反馈机制,具体的操作过程:使用外部存档集(外部种群)来收集进化过程中的非支配解,然后在每代进化结束后,从外部种群选取一定数量的非支配解(一般为种群规模的 20%[34])来替代从网格中随机选取的个体,即部分替代原先分布在二维环形网状结构上的个体。CellDE 算法采用精英保留策略,其个体进入外部种群的标准非常严格。如果子代支配当前个体,则将其替换当前个体;若子代与当前个体互不支配,则将子代替换当前个体邻居中的最差个体。在替换操作之后,子代都会被用来与已有的外部种群中的非支配个体进行比较,以检验其能否加入外部种群。同时,当外部种群规模一旦超过规定数目时,就立刻进行修剪。这种方法对外部种群起到了优胜劣汰的作用,但当外部种群中的非支配个体的数量变多之后,子代与外部种群中的个体进行比较会使算法的运行速度变慢。

与 CellDE 算法的外部种群不同,NCellDE 算法的外部种群一方面保留了上一代进化结束后的优良个体(即下一代的初始种群),另一方面又用来收集当前进化过程中的优秀子代(支配当前个体或与当前个体互不支配的子代)。然后在当代进化结束后,根据文中提出的外部种群多样性维护方法剔除超过种群规模的个体,将剩余的所有个体作为下一代的父本,并将它们随机分配到二维环形网状结构中,即将原先分布在二维环形网状结构上的个体都用外部种群替代。根据达尔文进化理论"适者生存"的原则,采用外部种群完全反馈的机制是为了充分利用已有的"适应环境"生存下来的外部种群中的优良个体来引导下一代种群的进化操作,提高算法的整体搜索效率和扩大搜索范围,最终提高整个种群的 Pareto 前端覆盖性。另外,个体的重新随机分配又可以很好地避免整个种群陷入局部最优,有利于保持整个种群的多样性。

4.1.4　变异方式

从差分变异的式(4-1)可以看出,当扰动分量$(\boldsymbol{X}_{r2,j}-\boldsymbol{X}_{r3,j})$趋于零时,这个决策变量的差分变异将停滞不前。而当同一维的所有决策变量都趋于一致时,这一维决策变量的进化将基本停滞不前。这可以分为两种情况:①算法获得的解已经全局最优;②算法获得的解陷入了局部最优。由差分进化过程可知,处于第②种情况时,由于扰动分量$(\boldsymbol{X}_{r2,j}-\boldsymbol{X}_{r3,j})$趋于零,故算法要跳出局部最优是非常困难的。针对这种状况,对原先的变异操作进行修改。

$$\boldsymbol{V}_{i,j}=\begin{cases}\boldsymbol{X}_{r1,j}+F(\boldsymbol{X}_{r2,j}-\boldsymbol{X}_{r3,j}),\mathrm{abs}(\boldsymbol{X}_{r2,j}-\boldsymbol{X}_{r3,j})\geqslant th\\\boldsymbol{X}_{r1,j}+dis,否则\end{cases} \tag{4-1}$$

式中,$dis=t(2\mathrm{rand}(1)-1)(\boldsymbol{X}_{r1,j-u}-\boldsymbol{X}_{r1,j-l})$;$th$ 是阈值,dis 是扰动量,t 是扰动系数,$\mathrm{rand}(1)$为在$[0,1]$上均匀分布的随机数,$\boldsymbol{X}_{r1,j-u}$和$\boldsymbol{X}_{r1,j-l}$分别是第 j 维决策变量的最大值与最小值。

当扰动分量小于阈值 th 时,给这一维的决策变量一个扰动。dis 的大小受到 t 的影响,t 值介于 0 和 1 之间。t 值越小,变异的步长就越小,越能提高算法的开发能力,找到精度更高的解,但算法不易快速跳出局部最优;t 值越大,对基向量的分量产生的扰动越大,算法搜索到解的精度比较差,甚至无法收敛。当 th 设置非常小时,算法的收敛精度会提高。若进化过程一旦陷入局部最优,由于采取新的扰动变异的时间推迟了,则算法跳出局部最优的进化代数将增加。由此可见,改进的变异操作在收敛精度与进化代数之间是存在矛盾的,所以此变异方式可以作为原先变异方式的备选方案,只有当原先变异方式易陷入局部最优时,采用改进的变异方式,而付出的代价是需要增加一定的进化代数。

将阈值与进化代数作为控制参数,设置三组比较参数。将 t 设为 0.1,选择 DTLZ3 函数作为测试函数。该函数在搜索空间共引入了$(3^{n-M+1}-1)$个与全局 Pareto 最优边界平行的局部 Pareto 最优边界,n 为决策变量个数,M 为目标个数。DTLZ3 的变量取八个,目标个数为三个。在每组控制参数下,算法对 DTLZ3 函数分别运行 15 次。图 4-4 是实验测试结果,纵坐标是世代距离,代表收敛精度。由 a、 b 两组的实验结果可知,当阈值 th 相同时,适当增加进化代数,算法的收敛精度会提高。由 a、b、c 三组的实验结果可知,当阈值 th 取小时,同时适当增加进化代数,算法的收敛精度会提高。

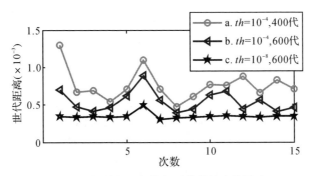

图 4-4　阈值与进化代数对收敛精度的影响

4.1.5　算法流程

NCellDE 算法根据秩与 k 最近邻距离对外部种群采用一次修剪和完全反馈的策略,算法流程如图 4-5 所示。

算法基本步骤如下。

(1)对种群进行随机初始化,计算每个个体的目标函数值,再将种群中的个体随机分布到二维环形网格中,并将当前种群存入外部种群。

(2)从当前个体的周围邻居中通过二元锦标赛选出两个较优秀的个体,将它们与当前个体共同作为父本,然后进行差分变异、交叉操作获得子代,并计算子代的目标函数值。

(3)若子代支配当前个体,则将其替换当前个体(a 替换方案),同时将子代存入外部种群;若子代与当前个体互不支配,则尝试剔除当前个体所在 Moore 型邻居结构中(含子代)的最差者(b 替换方案),并将子代存入外部种群。

(4)重复步骤(2)与步骤(3),直到完成最后一个个体的进化。

(5)在每代进化结束后,根据秩与 k 最近邻距离对外部种群的个体进行排序,并剔除超过种群规模的个体。

(6)将整个外部种群中的个体作为下一次进化的种群,并将其随机分布到二维环形网格中,继续进化直至满足进化的终止条件。

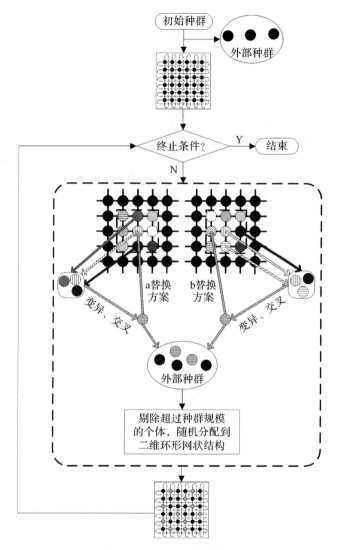

图 4-5   NCellDE 算法流程

4.2   基准函数测试

4.2.1   实验参数设置

为了验证算法的性能,将 NCellDE 算法与 NSGA-Ⅱ、SPEA2 和 CellDE 三种算法一起对 DTLZ1~DTLZ6[55] 函数进行测试。DTLZ1 的变量为 7 个,DTLZ2~DTLZ5 的变量为 10 个,DTLZ6 的变量为 22 个。在算法测试中,种群规模与外部种群规模都设为 100,DTLZ3 的最大进化代数为 500 代,其余测试函数的最大进化代数为 300 代。算法参数设置:NSGA-Ⅱ、SPEA2 算法采用模拟二进制交叉,多项式变异,交叉概率为 0.9,变异概率为 $1/v$,v 为变量的个数;在 CellDE 算法和 NCellDE 算法中,$F = 0.5$,$CR = 0.1^{[31]}$。在对 DTLZ1 与 DTLZ3 进行测试时,NCellDE 算法采用改进的变异方式,通过仿真实验,将 t 设为 0.1,阈值 $th = 1 \times 10^{-8}$。四种算法分别对测试函数进行 30 次独立计算。

4.2.2 结果分析

NCellDE 算法与其他三种算法两两之间的 t 检验结果见表 4-1。原假设为性能指标的均值相等,显著性水平为 0.05。表 4-2 至表 4-4 分别给出了四种算法关于 GD、HV、Δ 三种性能指标的统计结果,各个指标的最优值用灰色背景搭配加粗字体标识,次优值用加粗字体标识。

表 4-1 **NCellDE 与其他算法 t 检验**

测试函数	性能指标	NSGA-Ⅱ	SPEA2	CellDE
DTLZ1	GD	0.000	0.000	0.382
	HV	0.000	0.000	0.000
	Δ	0.000	0.000	0.000
DTLZ2	GD	0.000	0.000	0.000
	HV	0.000	0.000	0.000
	Δ	0.000	0.000	0.000
DTLZ3	GD	0.000	0.000	0.000
	HV	0.000	—	—
	Δ	0.000	0.000	0.000
DTLZ4	GD	0.000	0.000	0.097
	HV	0.000	0.000	0.000
	Δ	0.000	0.029	0.002
DTLZ5	GD	0.000	0.000	0.844
	HV	0.000	0.000	0.000
	Δ	0.000	0.000	0.001
DTLZ6	GD	0.000	0.000	0.981
	HV	—	—	0.000
	Δ	0.000	0.000	0.001

表 4-2　收敛性指标 *GD*

测试函数	NSGA-Ⅱ		SPEA2		CellDE		NCellDE	
	平均值	标准差	平均值	标准差	平均值	标准差	平均值	标准差
DTLZ1	1.000e-3	4.3e-4	1.700e-3	1.1e-3	**7.322e-4**	5.5e-5	**7.219e-4**	3.3e-5
DTLZ2	1.100e-3	2.1e-4	1.100e-3	2.0e-4	**3.976e-4**	2.4e-5	**3.526e-4**	1.6e-5
DTLZ3	**1.200e-3**	5.2e-4	2.680e-2	3.5e-2	2.192e-1	1.0e-1	**4.959e-4**	2.9e-4
DTLZ4	1.100e-3	1.6e-4	1.400e-3	5.5e-4	**3.971e-4**	5.5e-5	**3.751e-4**	4.6e-5
DTLZ5	4.951e-4	3.2e-5	4.963e-4	5.6e-5	**4.501e-4**	2.7e-5	**4.515e-4**	2.6e-5
DTLZ6	6.970e-2	4.8e-3	6.300e-2	3.7e-3	**4.458e-4**	2.6e-5	**4.456e-4**	2.7e-5

　　由表 4-2 的收敛性指标可知,NCellDE 算法共获得了五个最优值,一个次优值;CellDE 算法共获得了一个最优值,四个次优值;NSGA-Ⅱ共获得了一个次优值。根据表 4-2 可知,NCellDE 算法与 CellDE 算法在 DTLZ1、DTLZ4～DTLZ6 这四个测试函数中,算法的收敛性差异不显著,特别是在 DTLZ5 与 DTLZ6 函数中,两者的收敛性很接近。而在另外两个测试函数中,NCellDE 算法与 CellDE 算法的收敛性存在显著差异,且 NCellDE 算法的收敛性指标更好。综合比较可得,NCellDE 算法的收敛性略好于 CellDE 算法。

　　由表 4-3 的超体积指标可知,NCellDE 算法共获得了六个最优值,CellDE 算法共获得了五个次优值。同时,由超体积指标的标准差可知,NCellDE 算法的超体积指标是最稳定的。结合表 4-3 可知,NCellDE 算法的超体积指标显著优于 CellDE 算法。这说明采用外部种群完全反馈的策略是有效的。新的反馈机制是从整个种群的 Pareto 前端的分布角度出发的,加强了外部种群的优良个体对整个种群的进化引导作用,因此有利于提高整个 Pareto 前端的收敛性与分布多样性。

表 4-3　超体积指标 *HV*

测试函数	NSGA-Ⅱ		SPEA2		CellDE		NCellDE	
	平均值	标准差	平均值	标准差	平均值	标准差	平均值	标准差
DTLZ1	9.506e-1	1.6e-3	9.540e-1	1.7e-3	**9.565e-1**	4.5e-4	**9.569e-1**	2.2e-4
DTLZ2	5.313e-1	5.9e-3	5.525e-1	1.4e-3	**5.619e-1**	7.2e-4	**5.626e-1**	5.9e-4
DTLZ3	**5.173e-1**	8.8e-3	—	—	—	—	**5.525e-1**	3.4e-3
DTLZ4	6.022e-1	5.5e-3	6.192e-1	2.0e-3	**6.261e-1**	1.1e-3	**6.275e-1**	7.3e-4
DTLZ5	1.285e-1	2.1e-4	1.290e-1	1.5e-4	**1.294e-1**	1.1e-4	**1.296e-1**	5.5e-5
DTLZ6	—	—	—	—	**9.310e-2**	8.3e-5	**9.340e-2**	5.3e-5

　　由表 4-4 的分布性指标可知，六个测试函数中，CellDE 算法共获得了四个最优值，NCellDE 算法共获得了两个最优值。由表 4-1 可知，NCellDE 算法与 CellDE 算法的分布性指标存在显著差异。在分布均匀性方面，CellDE 算法优于 NCellDE 算法。这主要是因为 CellDE 算法采用了更为严格的精英保留策略。如前所述，在替换操作之后，子代都会被用来与已有的外部种群中的非支配个体进行比较，检验其是否能加入外部种群。同时当外部种群规模一旦超过规定数目时，立刻进行修剪，这样的修剪机制推动了其外部种群的分布朝更好的方向发展。

表 4-4　分布性指标 Δ

测试函数	NSGA-Ⅱ		SPEA2		CellDE		NCellDE	
	平均值	标准差	平均值	标准差	平均值	标准差	平均值	标准差
DTLZ1	5.052e-1	5.0e-2	1.179e-1	2.1e-2	**7.150e-2**	8.3e-3	**8.730e-2**	9.6e-3
DTLZ2	5.118e-1	4.5e-2	9.850e-2	1.3e-2	**6.550e-2**	9.1e-3	**8.640e-2**	9.4e-3
DTLZ3	5.436e-1	4.3e-2	2.738e-1	2.4e-1	**2.001e-1**	3.2e-2	**9.280e-2**	1.1e-2
DTLZ4	5.003e-1	4.9e-2	9.530e-2	1.1e-2	**8.040e-2**	1.2e-2	**8.930e-2**	1.0e-2
DTLZ5	5.437e-1	7.9e-2	**1.314e-1**	1.5e-2	**1.312e-1**	1.8e-2	1.487e-1	1.9e-2
DTLZ6	6.435e-1	3.7e-2	2.636e-1	2.0e-2	**1.617e-1**	1.7e-2	**1.450e-1**	1.8e-2

　　在 NCellDE 算法中，只有在每代进化结束之后，才对外部种群中的个体进行修剪，剔除超过外部种群规模的个体。与同样采用一次修剪的经典算法 SPEA2 相比，本章提出的外部种群的多样性维护方法效果要更好。在六个测试问题中，NCellDE 算法的分布指标均值有五次显著优于 SPEA2。由图 4-6 可知，在求解 DTLZ1 问题时，NCellDE 算法比 SPEA2 分布更加均匀。DTLZ6 函数用来测试算法在不连续 Pareto 最优前端上保持分布多样性的能力。由图 4-7 可知，在求解 DTLZ6 问题时，NSGA-Ⅱ 和 SPEA2 很难逼近全局 Pareto 最优前端，CellDE 算法与 NCellDE 算法能较好地收敛到整个 Pareto 最优前端附近，且 NCellDE 算法保持分布多样性的能力要显著优于 CellDE 算法。综合比较分析可知，NCellDE 算法与 CellDE 算法的分布均匀性差异主要是由修剪次数不同造成的。

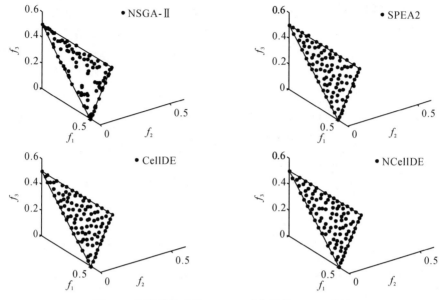

图 4-6 四种算法求解 DTLZ1 时获得的 Pareto 前端

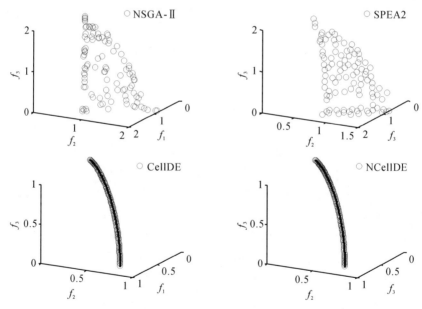

图 4-7 四种算法求解 DTLZ6 时获得的 Pareto 前端

由图 4-8 可知,本章提出的变异方式提高了算法抵抗陷入局部最优的能力。当目标个数为三个、决策变量为 10 个时,DTLZ3 的搜索空间中共引入了 6560 个与全局 Pareto 最优边界平行的局部 Pareto 最优边界。CellDE 和 SPEA2 易陷入局部最优,NCellDE 算法能较好地获得 DTLZ3 的近似全局 Pareto 最优边界。

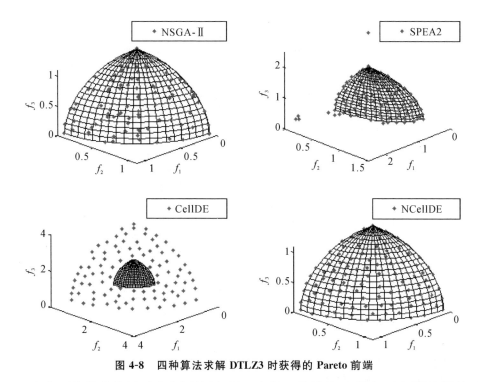

图 4-8 四种算法求解 DTLZ3 时获得的 Pareto 前端

由上面的性能指标对比分析结果可知,在每一代进化过程中,NCellDE 算法对外部种群只采用一次修剪,CellDE 算法对外部种群采用多次修剪(如果非支配个体超过外部种群规模)。在收敛性指标上,NcellDE 算法略优于 CellDE 算法;在分布性指标上,NCellDE 算法略逊色于 CellDE 算法,但 NCellDE 算法的这种修剪方式可以减少算法的计算时间;在超体积指标上,NCellDE 算法显著优于另外三种比较算法。综合考虑分布多样性及收敛性水平,NCellDE 算法获得的 Pareto 前端质量最好,且改进的变异操作的确能提高算法跳出局部最优解的能力。

4.3 基于 NCellDE 算法的车间布局优化

车间布局问题是个 NP 困难(NP-hard)问题,随着车间设施数量的增加,用传统的最优化算法(如整数规划、线性规划和分支定界法等)寻求精确解的可行性很低。而进化算法能够在有效时间内寻求问题的近似最优解。外部种群完全反馈及外部种群的多样性维护方法使得 NCellDE 算法能获得分布范围广、多样性好的Pareto 前端,外部种群随机迁徙和扰动变异有助于算法跳出局部最优。结合案例,设计设备单元随机布置优化问题,对该问题进行求解时,算法容易陷入局部最优,难以获取多样性好的解。通过对该模型进行求解,可以进一步检验 NCellDE 算法的性能。

（1）目标函数

在布局时假设车间和设备均为矩形结构，车间大小和设备大小均已知，且设备的长度沿 X 轴方向，设备的宽度沿 Y 轴方向。车间布局的示意如图4-9所示，车间的长度为 a，宽度为 b；设备 i 的长度为 L_i，宽度为 W_i。

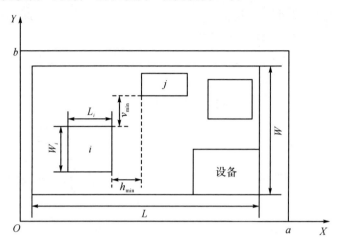

图 4-9　车间布局示意

设备单元包络面积最小为：

$$\min F_1 = L \times W \tag{4-2}$$

物料搬运成本最小为：

$$\min F_2 = \sum_{i=1}^{n-1} \sum_{j=i+1}^{n} c_{ij} f_{ij} d_{ij} \tag{4-3}$$

式中，n 为设备数目；c_{ij} 为两台设备间的单位距离物料搬运费用；f_{ij} 为两台设备间的搬运频率；d_{ij} 为两台设备间的物料搬运距离，$d_{ij} = |x_i - x_j| + |y_i - y_j|$。

（2）约束条件

间距约束。任意两台设备在 X 轴方向或者 Y 轴方向上至少有一个方向留有一定间距，即满足式（4-4）或式（4-5）中的一个：

$$|x_i - x_j| \geqslant \frac{L_i + L_j}{2} + h_{\min} \tag{4-4}$$

$$|y_i - y_j| \geqslant \frac{W_i + W_j}{2} + v_{\min} \tag{4-5}$$

边界约束。各台设备要在布局车间内满足：

$$x_i - \frac{L_i}{2} \geqslant 0 \text{ 且 } x_i + \frac{L_i}{2} \leqslant a \tag{4-6}$$

$$y_i - \frac{W_i}{2} \geqslant 0 \text{ 且 } y_i + \frac{W_i}{2} \leqslant b \tag{4-7}$$

　　设备之间的单位距离物料搬运费用值如表 4-5 所示,设备之间的搬运频率如表 4-6 所示,设备之间最小横向距离 $h_{\min}=1\mathrm{m}$,最小纵向距离 $v_{\min}=1\mathrm{m}$,设备的尺寸信息如表 4-7 所示。

表 4-5　设备之间单位距离物料搬运费用值 c_{ij}

单元编号	1	2	3	4	5	6	7	8	9
1	0	5	2	1	8	6	3	1	2
2	5	0	3	2	2	4	3	4	2
3	2	3	0	2	3	2	4	3	3
4	1	2	2	0	2	3	2	7	3
5	8	2	3	2	0	2	2	3	2
6	6	4	2	3	2	0	5	6	2
7	3	3	4	2	2	5	0	4	1
8	1	4	3	7	3	6	4	0	3
9	2	2	3	3	2	2	1	3	0

表 4-6　设备之间搬运频率 f_{ij}

单元编号	1	2	3	4	5	6	7	8	9
1	0	1	2	1	1	0	1	2	4
2	1	0	2	3	0	2	1	2	0
3	2	2	0	0	2	3	1	2	1
4	1	3	0	0	1	1	1	3	1
5	1	0	2	1	0	1	2	1	2
6	0	2	3	1	1	0	1	1	3
7	1	1	1	1	2	1	0	0	1
8	2	2	2	3	1	1	0	0	1
9	4	0	1	1	2	3	1	1	0

表 4-7　设备尺寸

设备编号	1	2	3	4	5	6	7	8	9
长度/m	1.9	3.0	2.0	2.0	2.5	3.0	3.0	5.0	3.0
宽度/m	1.8	2.0	1.0	1.8	1.5	3.0	2.8	3.0	4.0

采用 NCellDE 算法和 CellDE 算法对车间设备布局进行优化。算法的参数设置为：种群数量为 100，外部种群数量为 100，最大进化代数为 1000 代，$F=0.6$，$CR=0.5$。同时，为了进一步验证扰动变异的有效性，将采用扰动变异的 NCellDE 算法标记为 NCellDED 算法，将不采用扰动变异的 NCellDE 算法标记为 NCellDEND 算法。在这里，根据仿真测试，将 t 设为 0.01，阈值 $th=0.1$。三种算法分别独自运行 10 次。由于该优化问题是个 NP 困难问题，故很难找到最优解集。为了便于比较，图 4-10 给出了三种算法获得的与所有解对应的 Pareto 前端。图中的加号、星号、圆圈分别代表 CellDE 算法、NCellDEND 算法、NCellDED 算法获得的目标值。

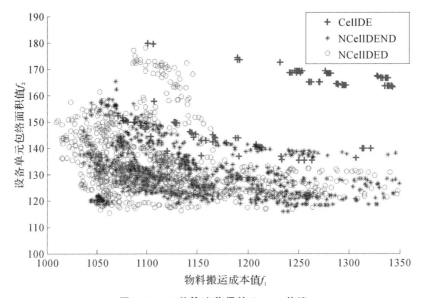

图 4-10   三种算法获得的 Pareto 前端

由图 4-10 可知，在 10 次寻优中，NCellDEND 算法和 NCellDED 算法获得的大部分 Pareto 前端都落在 CellDE 算法获得的 Pareto 前端的左下方，这说明 NCellDEND 算法和 NCellDED 算法的收敛性要好于 CellDE 算法，同时也体现了外部种群完全反馈机制的确能提高算法的搜索效率，加快算法的收敛速度。从 NCellDEND 算法和 NCellDED 算法获得的 Pareto 前端可知，NCellDED 算法获得的解的收敛性要好于 NCellDEND 算法。这体现了扰动变异的有效性。

为了进一步对这三种算法的求解性能进行比较，分别提取三种算法各自获得的 Pareto 非支配解集，图 4-11 给出了这些非支配解对应的 Pareto 前端，图中虚线将这些非支配解中的最终非支配解串联起来。由图可知，NCellDED 算法的大部分解都落在虚线上，这体现了外部种群完全反馈和扰动变异的有效性。外部种群完全反馈有助于提高算法的搜索效率，而扰动变异有利于提高算法跳出局部最优解的能力，使算法能获得更好的布局方案。

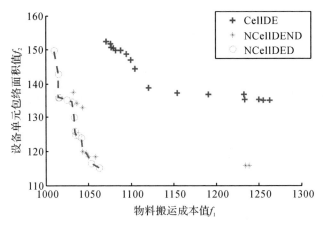

图 4-11　提取的 Pareto 前端

4.4　本章小结

　　本章提出一种外部种群完全反馈的元胞差分算法,其主要特点为充分利用外部种群及元胞种群结构来进行进化搜索,进而提高算法的搜索效率。新算法根据秩与 k 最近邻距离对外部种群的多样性进行维护,将修剪后的外部种群作为下一次进化的种群,并在原有变异方式中引入新的扰动来避免算法陷入局部最优。基准函数测试结果表明 NCellDE 算法扩大了 Pareto 前端的覆盖范围,改进的变异方式提高了算法跳出局部最优解的能力。为了进一步验证算法外部种群完全反馈和扰动变异的有效性,将 NCellDE 算法用于车间设备布局优化。在满足约束条件的前提下,设备单元可以随机布置在车间的任何一个位置,这增加了算法寻优的难度,同时也容易使算法陷入局部最优,降低了算法的搜索效率。通过求解布局模型,完全反馈机制和扰动变异的有效性得到了进一步的体现。

第 5 章
两阶段外部种群充分引导的元胞差分算法设计及应用

外部种群的完全反馈有助于提高算法的收敛速度和 Pareto 前端的多样性。本章提出的多样性维护机制对 Pareto 前端分布起到了较好的维护效果，但 CellDE 算法采用了更为严格的外部种群多样性维护方法，如果不考虑其在外部种群多样性上维护开销过大这个弊端，随着进化代数的增加，这种严格的多样性维护方法可以"驱使"其分布更加均匀，从而提高解集的多样性。本章将 CellDE 算法这种多样性维护的优点引入 NCellDE 算法中，提出两阶段外部种群充分引导的元胞差分 (DLCellDE) 算法[65]。同时，为了更加全面地体现算法的性能，DLCellDE 算法在原先基准函数的基础上，还增加了 WFG 系列测试函数。

5.1 两阶段外部种群充分引导的元胞差分算法

NCellDE 算法的超体积指标优于 CellDE 算法，表明其在维持整个种群多样性上有较好的优势。在每一代进化结束后，NCellDE 算法的外部种群最终保存的个体并不一定是非支配个体，而是基于秩与 k 最近邻距离从外部种群中选择的优秀个体，所以在整个进化阶段，NCellDE 算法可以较好地保持整个种群的多样性。CellDE 算法的外部种群保存的是非支配个体，为了降低算法的选择压力而采用部分反馈机制，在进化前期，CellDE 算法全局的搜索效率较低；在进化后期，随着非支配个体越来越多，严格的外部种群规模维护方法驱使 CellDE 算法多样性和收敛性提高，有利于提高算法的局部寻优能力。一般情况下，算法在寻优过程中的侧重点是不同的。在第一个阶段，算法主要进行全局搜索；在后一阶段，算法主要侧重局部挖掘。故 DLCellDE 算法结合 NCellDE 算法和 CellDE 算法的优点，较好地实现了全局搜索与局部开发。设定 DLCellDE 算法的外部种群规模等于当前进化的种群规模。DLCellDE 算法的进化过程将分成两个阶段：第一阶段，即原先的 NCellDE 算法，该阶段侧重全局搜索；第二阶段，对外部种群的角色进行变化。这时，外部种群中保存的是非支配个体。考虑到 NCellDE 算法已经能获得较好的全局 Pareto 前端。这时不用担心将外部种群的非支配个体完全反馈易使整个进化种群陷入局部最优的问题。为了加快算法的收敛速度，算法中的外部种群仍然采用完全反馈。由于采用了"两个阶段"，这就出现了一个问题，即第二阶段何时开始。为了降低算法在第二阶段对外部种群多样性维护上所花的时间开销，DLCellDE 算法做了一个简单的处理，即设定最大进化代数的前 0.7 代为第一阶段，最大进化代数的后 0.3 代为第二阶段。DLCellDE 算法的流程如图 5-1 所示。

DLCellDE 算法的基本步骤如下。

(1)对种群进行随机初始化，计算每个个体的目标函数值，再将种群中的个体随机分布到二维环形网格中，并将当前种群存入外部种群(当进化代数等于最大进化代数的 0.7 代时，剔除外部种群中的支配个体，即外部种群只保留非支配个体)。

(2)从当前个体的周围邻居中通过二元锦标赛选出两个较优秀的个体，将它们与当前个体共同作为父本，然后进行差分变异、交叉操作获得子代，并计算子代的目标函数值。

(3)如果是进化过程的第一阶段(进化代数小于最大进化代数的 0.7 代时)，若子代支配当前个体，则将其替换当前个体(a 替换方案)，同时将子代存入外部种群；若子代与当前个体互不支配，则尝试剔除当前个体所在 Moore 型邻居结构中(含子代)的最差者(b 替换方案)，并将子代存入外部种群。如果是进化过程的第二阶段，若子代支配当前个体，则将其替换当前个体(a 替换方案)，同时将子代存入外部种群；若子代与当前个体互不支配，则尝试剔除当前个体所在 Moore 型邻居结构中(含子代)的最差者(b 替换方案)，并将子代存入外部种群。一旦外部种群的非支配个体数量超过了外部种群规模，根据 k 最近邻距离立即对其进行修剪。

(4)重复步骤(2)与步骤(3)，直到完成最后一个个体的进化。

(5)若是进化过程的第一阶段，那么在每代进化结束后，根据秩与 k 最近邻距离对外部种群的个体进行排序，剔除超过种群规模的个体。将整个外部种群中的个体作为下一次进化的种群，并将其随机分布到二维环形网格中，继续进化。若是进化过程的第二阶段，则将整个外部种群中的个体随机分布到二维环形网格中，继续进化直至满足进化的终止条件。

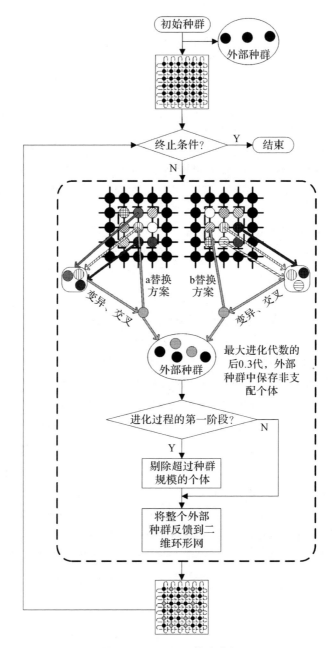

图 5-1   DLCellDE 算法流程

5.2　基准函数测试

5.2.1　实验参数设置

为便于算法进行对比,对 DTLZ1~DTLZ6[55]进行测试时,DLCellDE 算法的参数设置将与 NCellDE 算法保持一致。在 WFG[54]系列问题上,将 DLCellDE 算法同 NSGA-Ⅱ、SPEA2、CellDE、NCellDE 四种算法进行对比。优化的目标个数为 3,决策变量的个数为 24。对于 WFG1 问题,种群规模设为 120,而对于其余测试问题,种群规模都设为 100。WFG1 的最大进化代数为 1200 代,WFG2、WFG3 的最大进化代数为 600 代,WFG4~WFG9 的最大进化代数设为 1000 代。NSGA-Ⅱ、SPEA2 算法采用模拟二进制交叉,多项式变异,交叉概率为 0.9,变异概率为 $1/v$,v 为变量的个数;在 CellDE 算法、NCellDE 算法和 DLCellDE 算法中,$F=0.5$,$CR=0.1$;每种算法独自运行 30 次。

5.2.2　结果分析

对于 DTLZ 系列问题,在算法的性能评估上,选择分布性指标 Δ,收敛性指标 GD,超体积指标 HV。对于 WFG 系列测试函数,由于部分 WFG 系列问题的 Pareto 最优前端几何形状较复杂(非连续、有凹有凸等),这里只选择收敛性指标和超体积指标对算法性能进行测试。

(1)DTLZ 系列函数算法性能分析

各算法在 DTLZ1~DTLZ6 问题上 Pareto 前端的分布性指标(Δ)的平均值和标准差见表 5-1。从分布性指标可以看到,DLCellDE 算法共获得了五个最优值和一个次优值,CellDE 算法共获得了一个最优值和三个次优值,NCellDE 算法共获得了两个次优值。可见,将 CellDE 算法严格的外部种群维护机制引入 NCellDE 算法起到了不错效果,这进一步验证了将 CellDE 算法在分布均匀性上占优的原因归结于其严格的外部种群维护机制的结论是正确的。

表 5-1　分布性指标 Δ

测试函数	统计指标	NSGA-Ⅱ	SPEA2	CellDE	NCellDE	DLCellDE
DTLZ1	平均值	5.052e-1	1.179e-1	**7.150e-2**	8.730e-2	**7.480e-2**
	标准差	5.0e-2	2.1e-2	8.3e-3	9.6e-3	1.8e-2
DTLZ2	平均值	5.118e-1	9.850e-2	**6.550e-2**	8.640e-2	**5.450e-2**
	标准差	4.5e-2	1.3e-2	9.1e-3	9.4e-3	7.8e-3

测试函数	统计指标	NSGA-Ⅱ	SPEA2	CellDE	NCellDE	DLCellDE
DTLZ3	平均值	5.436e-1	2.738e-1	2.001e-1	**9.280e-2**	**8.970e-2**
	标准差	4.3e-2	2.4e-1	3.2e-2	1.1e-2	2.9e-2
DTLZ4	平均值	5.003e-1	9.530e-2	**8.040e-2**	8.930e-2	**5.930e-2**
	标准差	4.9e-2	1.1e-2	1.2e-2	1.0e-2	7.2e-3
DTLZ5	平均值	5.437e-1	1.314e-1	**1.312e-1**	1.487e-1	**1.177e-1**
	标准差	7.9e-2	1.5e-2	1.8e-2	1.9e-2	1.6e-2
DTLZ6	平均值	6.435e-1	2.636e-1	1.617e-1	**1.450e-1**	**1.283e-1**
	标准差	3.7e-2	2.0e-2	1.7e-2	1.8e-2	2.3e-2

各对比算法在 DTLZ1~DTLZ6 问题上的 Pareto 前端的收敛性指标(GD)的平均值和标准差见表 5-2。在收敛性指标上,DLCellDE 算法共获得了四个最优值和一个次优值,NCellDE 算法共获得了两个最优值和三个次优值,CellDE 算法共获得了两个次优值。相较于 NCellDE 算法,DLCellDE 算法在 DTLZ2~DTLZ5 四个问题上的收敛性要优于 NCellDE 算法。这主要得益于 DLCellDE 算法在进化的第二阶段采用了更严格的外部种群多样性维护机制。当外部种群的非支配个体超出设定规模时,DLCellDE 算法的非支配个体的更新主要基于两个指标,即新的子代必须在收敛性或分布性上要优于之前外部种群的非支配个体。不然,即使产生的子代与外部种群的个体是互不支配的,其也不可能进入外部种群。这种机制可以使外部种群中原有的个体继续进化,进而提高算法的局部搜索能力。进化的后期,NCellDE 算法整个外部种群中的个体也都会成为非支配个体,但在 NCellDE 算法中,加入外部种群中的子代个体分为两种情况,即支配父代或者与父代互不支配的子代。这样一来,在每一代进化结束后,当对外部种群进行修剪时,存在于原先外部种群中的部分个体会被与其互不支配的子代挤出外部种群,使得这部分个体无法继续进化,进而影响算法的局部搜索能力。

表 5-2　收敛性指标 *GD*

测试函数	统计指标	NSGA-Ⅱ	SPEA2	CellDE	NCellDE	DLCellDE
DTLZ1	平均值	1.000e-3	1.700e-3	7.322e-4	**7.219e-4**	**7.225e-4**
	标准差	4.3e-4	1.1e-3	5.5e-5	3.3e-5	3.1e-5
DTLZ2	平均值	1.100e-3	1.100e-3	3.976e-4	**3.526e-4**	**3.498e-4**
	标准差	2.1e-4	2.0e-4	2.4e-5	1.6e-5	1.8e-5

续表

测试函数	统计指标	NSGA-Ⅱ	SPEA2	CellDE	NCellDE	DLCellDE
DTLZ3	平均值	1.200e-3	2.680e-2	2.192e-1	**4.959e-4**	**4.519e-4**
	标准差	5.2e-4	3.5e-2	1.0e-1	2.9e-4	1.2e-4
DTLZ4	平均值	1.100e-3	1.400e-3	3.971e-4	**3.751e-4**	**3.730e-4**
	标准差	1.6e-4	5.5e-4	5.5e-5	4.6e-5	5.6e-5
DTLZ5	平均值	4.951e-4	4.963e-4	**4.501e-4**	4.515e-4	**4.498e-4**
	标准差	3.2e-5	5.6e-5	2.7e-5	2.6e-5	3.6e-5
DTLZ6	平均值	6.970e-2	6.300e-2	**4.458e-4**	**4.456e-4**	4.486e-4
	标准差	4.8e-3	3.7e-3	2.6e-5	2.7e-5	2.9e-5

表 5-3 表示各对比算法在 DTLZ1～DTLZ6 问题上 Pareto 前端的超体积指标 (HV) 的平均值和标准差。在超体积指标上，DLCellDE 算法共获得了六个最优值。从前面两个性能指标的分析可知，DLCellDE 算法综合了 NCellDE 算法多样性较好、前端覆盖性较大和 CellDE 算法分布较均匀的优点，这些优点保证了 DLCellDE 算法在超体积指标上取得了不错的表现。

表 5-3 超体积指标 HV

测试函数	统计指标	NSGA-Ⅱ	SPEA2	CellDE	NCellDE	DLCellDE
DTLZ1	平均值	9.506e-1	9.540e-1	9.565e-1	**9.569e-1**	**9.570e-1**
	标准差	1.6e-3	1.7e-3	4.5e-4	2.2e-4	2.1e-4
DTLZ2	平均值	5.313e-1	5.525e-1	5.619e-1	**5.626e-1**	**5.635e-1**
	标准差	5.9e-3	1.4e-3	7.2e-4	5.9e-4	5.6e-4
DTLZ3	平均值	5.173e-1	—	—	**5.525e-1**	**5.538e-1**
	标准差	8.8e-3	—	—	3.4e-3	1.3e-3
DTLZ4	平均值	6.022e-1	6.192e-1	6.261e-1	**6.275e-1**	**6.281e-1**
	标准差	5.5e-3	2.0e-3	1.1e-3	7.3e-4	8.0e-4
DTLZ5	平均值	1.285e-1	1.290e-1	**1.294e-1**	**1.296e-1**	**1.296e-1**
	标准差	2.1e-4	1.5e-4	1.1e-4	5.5e-5	3.9e-5
DTLZ6	平均值	—	—	9.310e-2	**9.340e-2**	**9.340e-2**
	标准差	—	—	8.3e-5	5.3e-5	4.6e-5

为了进一步证明 DLCellDE 算法在这些问题上性能的显著性，对上述三种性能指标的平均值做非参数检验。表 5-4 至表 5-6 分别表示 DLCellDE 算法与其他对比

算法在 Δ、GD、HV 指标上的曼-惠特尼（Mann-Whitney）检验。其中，显著性水平设为 0.05。在 Δ 指标中，DLCellDE 算法与 CellDE 算法在 DTLZ2～DTLZ6 问题上存在显著差异。另外，除了 DTLZ3，DLCellDE 算法与 NCellDE 算法在其他 DTLZ 系列问题上存在显著差异。这说明 CellDE 算法对外部种群规模及时控制策略对 Pareto 前端分布均匀性很有效。在 GD 指标中，DLCellDE 算法相对于 NCellDE 算法的显著性不明显，尽管如此，DLCellDE 算法在 DTLZ2～DTLZ5 上的收敛性提高了。在 HV 指标中，除去 DTLZ3 和 DTLZ6，DLCellDE 算法与其他对比算法都存在显著差异。尽管在 DTLZ5 和 DTLZ6 问题上，NCellDE 算法与 DLCellDE 算法的超体积指标的平均值相同，但是 DLCellDE 算法的标准差更小，表明算法的性能更加稳定。

表 5-4　Δ 指标 Mann-Whitney 检验

测试函数	NSGA-Ⅱ	SPEA2	CellDE	NCellDE
DTLZ1	0.000	0.000	0.767	0.002
DTLZ2	0.000	0.000	0.000	0.000
DTLZ3	0.000	0.000	0.000	0.084
DTLZ4	0.000	0.000	0.000	0.000
DTLZ5	0.000	0.002	0.008	0.000
DTLZ6	0.000	0.000	0.000	0.004

表 5-5　GD 指标 Mann-Whitney 检验

测试函数	NSGA-Ⅱ	SPEA2	CellDE	NCellDE
DTLZ1	0.000	0.000	0.802	0.859
DTLZ2	0.000	0.000	0.000	0.496
DTLZ3	0.000	0.000	0.000	0.084
DTLZ4	0.000	0.000	0.033	0.322
DTLZ5	0.000	0.000	0.824	0.929
DTLZ6	0.000	0.000	0.690	0.756

表 5-6　HV 指标 Mann-Whitney 检验

测试函数	NSGA-Ⅱ	SPEA2	CellDE	NCellDE
DTLZ1	0.000	0.000	0.000	0.000
DTLZ2	0.000	0.000	0.000	0.000
DTLZ3	0.000	—	—	0.383

续表

测试函数	NSGA-Ⅱ	SPEA2	CellDE	NCellDE
DTLZ4	0.000	0.000	0.000	0.005
DTLZ5	0.000	0.000	0.000	0.005
DTLZ6	—	—	0.000	0.280

综上分析，在 DTLZ1～DTLZ6 问题上，DLCellDE 算法获得的 Pareto 前端质量较好，其既有 CellDE 算法前端分布均匀的特点，又兼具 NCellDE 算法前端覆盖性大的优点。

（2）WFG 系列函数算法性能分析

各算法在 WFG1～WFG9 问题上 Pareto 前端的收敛性指标（GD）的平均值及标准差见表 5-7。DLCellDE 算法在 WFG3、WFG4、WFG6 和 WFG8 问题上获得了最好的结果，CellDE 算法在 WFG7 和 WFG9 问题上获得了最好的 GD 值，SPEA2 在 WFG2 和 WFG5 问题上获得了最好的结果，而 NSGA-Ⅱ 在 WFG1 问题上获得了最好的收敛性。从结果可知，这些算法中不存在对绝大多数问题收敛性表现都较好的算法。各算法在 WFG1～WFG9 问题上 Pareto 前端的超体积指标（HV）的平均值及标准差见表 5-8。在所有的九个问题中，DLCellDE 算法共获得了六个最优值，两个次优值。CellDE 算法共获得了两个最优值和两个次优值，SPEA2 共获得了一个最优值和一个次优值，NCellDE 算法共获得了三个次优值，而 NSGA-Ⅱ 只获得了一个次优值。与 DTLZ 问题不同，WFG 系列问题从决策向量到目标向量的映射是多层的，且部分问题的参数之间存在依赖，同时部分优化问题的 Pareto 最优前端的形状比较复杂，WFG1 问题的最优前端由多个凹凸的面构成，WFG2 问题的最优前端由几片断开的凹面构成，WFG4～WFG9 问题的最优前端是 1/8 的椭球面。算法在搜索过程中既要保持好的前端分布性，又要兼顾好的收敛性，这两者比较难平衡。NSGA-Ⅱ 在这些问题上的收敛性较好，然而分布性就比较差。在收敛性和分布性上，DLCellDE 算法能较好地做到平衡，这点从其获得的超体积指标值可以看出。

表 5-7　收敛性指标 GD

测试函数	统计指标	NSGA-Ⅱ	SPEA2	CellDE	NCellDE	DLCellDE
WFG1	平均值	**1.013e-1**	**1.021e-1**	1.185e-1	1.154e-1	1.153e-1
	标准差	2.6e-3	1.9e-3	1.2e-3	1.3e-3	1.2e-3
WFG2	平均值	**2.9e-3**	**2.6e-3**	3.9e-3	3.3e-3	3.2e-3
	标准差	2.6e-4	3.3e-4	3.9e-4	2.8e-4	2.7e-4

续表

测试函数	统计指标	NSGA-Ⅱ	SPEA2	CellDE	NCellDE	DLCellDE
WFG3	平均值	1.7e-3	1.4e-3	1.9e-3	**1.3e-3**	**1.2e-3**
	标准差	2.8e-4	2.9e-4	8.3e-4	7.6e-4	8.7e-4
WFG4	平均值	**5.3e-3**	7.1e-3	5.7e-3	7.2e-3	**5.0e-3**
	标准差	4.3e-4	5.8e-4	3.2e-4	4.7e-4	4.7e-4
WFG5	平均值	**7.2e-3**	**7.0e-3**	8.0e-3	8.6e-3	7.5e-3
	标准差	5.9e-5	3.1e-5	6.2e-4	1.1e-3	3.3e-4
WFG6	平均值	1.4e-3	1.7e-3	1.5e-3	**9.3e-4**	**8.1e-4**
	标准差	2.1e-4	1.2e-4	1.6e-4	1.8e-4	1.1e-4
WFG7	平均值	**4.7e-3**	6.0e-3	**4.5e-3**	6.0e-3	5.2e-3
	标准差	8.0e-4	6.0e-4	8.2e-4	7.4e-4	3.0e-4
WFG8	平均值	2.77e-2	2.41e-2	**1.98e-2**	2.05e-2	**1.75e-2**
	标准差	1.6e-3	1.2e-3	6.5e-4	6.5e-4	3.5e-4
WFG9	平均值	**5.7e-3**	6.5e-3	**5.6e-3**	9.2e-3	7.1e-3
	标准差	9.8e-4	2.9e-3	7.5e-4	1.2e-3	7.8e-4

表 5-8　超体积指标 HV

测试函数	统计指标	NSGA-Ⅱ	SPEA2	CellDE	NCellDE	DLCellDE
WFG1	平均值	**5.032e-1**	**5.135e-1**	4.613e-1	4.727e-1	4.729e-1
	标准差	9.5e-3	9.2e-3	3.8e-3	4.1e-3	3.8e-3
WFG2	平均值	8.920e-1	8.930e-1	8.930e-1	**9.009e-1**	**9.013e-1**
	标准差	4.5e-3	3.6e-2	3.1e-3	2.0e-3	2.1e-3
WFG3	平均值	3.295e-1	3.320e-1	3.290e-1	**3.323e-1**	**3.324e-1**
	标准差	1.6e-3	1.5e-3	4.3e-3	4.0e-3	4.7e-3
WFG4	平均值	3.903e-1	3.975e-1	**4.139e-1**	4.065e-1	**4.183e-1**
	标准差	6.0e-3	3.5e-3	2.5e-3	3.0e-3	2.8e-3
WFG5	平均值	4.053e-1	**4.237e-1**	4.222e-1	4.207e-1	**4.251e-1**
	标准差	4.6e-3	3.6e-3	1.6e-3	3.1e-3	1.4e-3
WFG6	平均值	3.889e-1	4.125e-1	4.224e-1	**4.227e-1**	**4.262e-1**
	标准差	6.3e-3	1.2e-3	1.4e-3	1.7e-3	9.6e-4

续表

测试函数	统计指标	NSGA-Ⅱ	SPEA2	CellDE	NCellDE	DLCellDE
WFG7	平均值	3.926e-1	4.029e-1	**4.216e-1**	4.127e-1	**4.193e-1**
	标准差	4.7e-3	3.5e-3	3.8e-3	4.0e-3	1.7e-3
WFG8	平均值	3.643e-1	3.987e-1	**4.226e-1**	4.167e-1	**4.322e-1**
	标准差	1.1e-2	5.5e-3	3.6e-3	3.7e-3	1.3e-3
WFG9	平均值	3.897e-1	4.044e-1	**4.189e-1**	3.939e-1	**4.092e-1**
	标准差	8.6e-3	1.7e-2	5.2e-3	6.9e-3	4.7e-3

　　为了更加直观地比较算法性能,图 5-2 至图 5-4 分别展示了所有算法在 WFG1、WFG2 和 WFG4 问题上获得的 Pareto 前端。由图 5-2 可知,DLCellDE 算法、NCellDE 算法获得的 Pareto 前端与 WFG1 的真实 Pareto 前端比较像,而其余算法获得的 Pareto 前端形状存在缺失较多的现象。在 WFG2 和 WFG4 问题上,DLCellDE 算法、NCellDE 算法和 CellDE 算法获得的前端分布都要优于 NSGA-Ⅱ 和 SPEA2,但是结合表 5-7 可知,DLCellDE 算法的收敛性要优于 NCellDE 算法和 CellDE 算法。

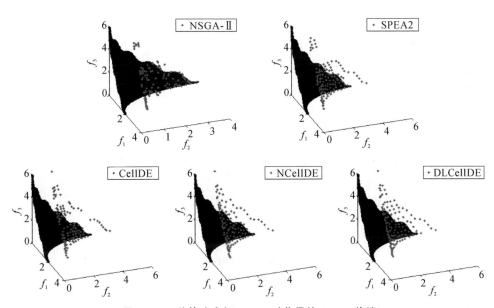

图 5-2　五种算法求解 WFG1 时获得的 Pareto 前端

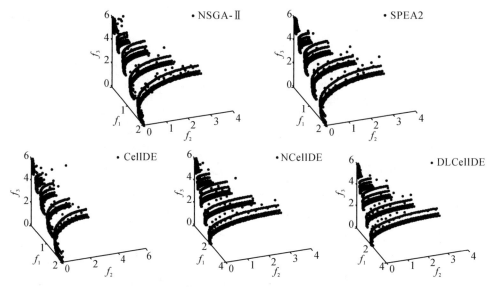

图 5-3　五种算法求解 WFG2 时获得的 Pareto 前端

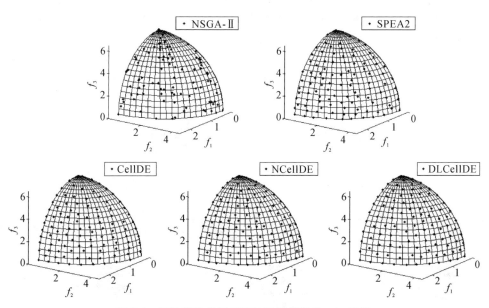

图 5-4　五种算法求解 WFG4 时获得的 Pareto 前端

　　表 5-9 和表 5-10 分别表示 DLCellDE 算法与其他对比算法在 GD、HV 指标上的 Mann-Whitney 检验。其中，显著性水平设为 0.05。在收敛性指标方面，DLCellDE 算法在 WFG3、WFG4、WFG6 和 WFG8 问题上获得了最优值。除了 WFG4 问题外，DLCellDE 算法与 NSGA-Ⅱ、SPEA2 和 CellDE 算法的差异是显著的。在超体积指标上，DLCellDE 算法在 WFG2～WFG6 及 WFG8 问题上取得了最好的值。其中，DLCellDE 算法与其他对比算法在 WFG4、WFG6 和 WFG8 问题上的差异是

显著的。在 WFG2 和 WFG5 问题上,DLCellDE 算法与 SPEA2 的差异性不显著。这主要是因为在这两个问题上,DLCellDE 算法收敛性不如 SPEA2,DLCellDE 算法覆盖性优于 SPEA2 主要得益于其较好的分布性。

表 5-9 *GD* 指标 Mann-Whitney 检验

测试函数	NSGA-Ⅱ	SPEA2	CellDE	NCellDE
WFG1	0.000	0.000	0.000	0.824
WFG2	0.000	0.000	0.000	0.657
WFG3	0.000	0.003	0.000	0.294
WFG4	0.393	0.000	0.005	0.000
WFG5	0.002	0.000	0.052	0.035
WFG6	0.000	0.000	0.000	0.143
WFG7	0.063	0.002	0.063	0.043
WFG8	0.000	0.000	0.000	0.000
WFG9	0.001	0.043	0.000	0.000

表 5-10 *HV* 指标 Mann-Whitney 检验

测试函数	NSGA-Ⅱ	SPEA2	CellDE	NCellDE
WFG1	0.000	0.000	0.000	0.894
WFG2	0.000	0.294	0.000	0.605
WFG3	0.000	0.007	0.000	0.243
WFG4	0.000	0.000	0.004	0.000
WFG5	0.000	0.280	0.001	0.000
WFG6	0.000	0.000	0.000	0.000
WFG7	0.000	0.000	0.218	0.002
WFG8	0.000	0.000	0.000	0.000
WFG9	0.000	0.853	0.000	0.000

为了使算法在各个分目标上能保持较好的分布性,即消除各分目标之间幅值对寻优的影响,采用归一化的 k 最近邻距离进行对比。归一化的 k 最近邻距离保证了算法寻得的 Pareto 前端在各个分目标上的幅值是相等的。这是对所优化问题真实 Pareto 前端的一次映射,以 WFG4~WFG9 测试函数为例,归一化的 k 最近邻距离将这些测试问题的椭球面 Pareto 前端映射为半径为 1 的球面。但是这样的密度

评估机制也有一定的缺陷。因为它强化了对小幅值目标区域的搜索,弱化了对大幅值目标区域内的搜索。为了验证归一化的 k 最近邻距离对算法性能的影响,选择 NCellDE 算法、DLCellDE 算法对 WFG4～WFG9 进行测试,在这两种算法中,它们的 k 最近邻距离不再归一化,并将这两种算法分别标记为 NCellDENN 算法、DLCellDENN 算法。算法及测试问题的参数设置与之前保持一致。表 5-11 与表 5-12 分别给出了 NCellDE 算法、NCellDENN 算法、DLCellDE 算法和 DLCellDENN 算法在这些测试问题上的性能指标。

表 5-11　收敛性指标 *GD*

测试函数	统计指标	NCellDE	NCellDENN	DLCellDE	DLCellDENN
WFG4	平均值	7.2e-3	**6.9e-3**	5.0e-3	**4.9e-3**
	标准差	4.7e-4	5.6e-4	4.7e-4	3.6e-4
WFG5	平均值	8.6e-3	**7.7e-3**	7.5e-3	**7.4e-3**
	标准差	1.1e-3	6.2e-4	3.3e-4	3.6e-4
WFG6	平均值	9.3e-4	**7.7e-4**	8.1e-4	**6.7e-4**
	标准差	1.8e-4	1.5e-4	1.1e-4	9.3e-5
WFG7	平均值	6.0e-3	**5.3e-3**	5.2e-3	**5.1e-3**
	标准差	7.4e-4	5.5e-4	3.0e-4	7.9e-4
WFG8	平均值	**2.05e-2**	2.12e-2	**1.75e-2**	1.82e-2
	标准差	6.5e-4	5.0e-4	3.5e-4	7.9e-4
WFG9	平均值	9.2e-3	**7.7e-3**	7.1e-3	**6.2e-3**
	标准差	1.2e-3	8.4e-4	7.8e-4	7.9e-4

表 5-12　超体积指标 *HV*

测试函数	统计指标	NCellDE	NCellDENN	DLCellDE	DLCellDENN
WFG4	平均值	4.065e-1	**4.066e-1**	4.183e-1	**4.184e-1**
	标准差	3.0e-3	4.0e-3	2.8e-3	2.0e-3
WFG5	平均值	**4.207e-1**	3.979e-1	**4.251e-1**	4.001e-1
	标准差	3.1e-3	1.8e-3	1.4e-3	1.3e-3
WFG6	平均值	**4.227e-1**	4.226e-1	**4.262e-1**	4.254e-1
	标准差	1.7e-3	1.7e-3	9.6e-4	9.3e-4
WFG7	平均值	4.127e-1	**4.148e-1**	**4.193e-1**	4.191e-1
	标准差	4.0e-3	2.7e-3	1.7e-3	4.0e-3

续表

测试函数	统计指标	NCellDE	NCellDENN	DLCellDE	DLCellDENN
WFG8	平均值	**4.167e-1**	4.140e-1	**4.322e-1**	4.299e-1
	标准差	3.7e-3	3.5e-3	1.3e-3	3.8e-3
WFG9	平均值	3.939e-1	**4.015e-1**	4.092e-1	**4.124e-1**
	标准差	6.9e-3	5.4e-3	4.7e-3	4.9e-3

在表 5-11 与表 5-12 中，NCellDE 算法和 NCellDENN 算法中优秀的值用加粗标记，DLCellDE 算法和 DLCellDENN 算法中优秀的值也用加粗标记。由测试结果可知，归一化的 k 最近邻距离对算法的性能产生了影响。在收敛性指标上，除了 WFG8 问题外，不采用归一化 k 最近邻距离的算法的收敛性要优于采用归一化 k 最近邻距离的算法。而在超体积指标方面，前者略逊于后者。尽管 NCellDENN 算法、DLCellDENN 算法的收敛性较好，但是 NCellDE 算法、DLCellDE 算法获得的 Pareto 前端分布更加均匀，多样性较好。图 5-5 与图 5-6 分别给出了 DLCellDENN 算法与 DLCellDE 算法在 WFG5、WFG9 的 Pareto 最优前端。从图中可以看到，DLCellDE 算法获得的 Pareto 最优前端在所测试问题的三个分目标上能较均匀地分布。而 DLCellDENN 算法获得的大部分解的 Pareto 最优前端主要分布在 f_2、f_3 处。因此，当各优化目标的值域差别较大时，尤其是当各个目标的值域不是同个数量级时，为了兼顾各个分目标之间的平衡，建议采用归一化的 k 最近邻距离。而当各目标的值域处于同个数量级时，建议采用不归一化的 k 最近邻距离。

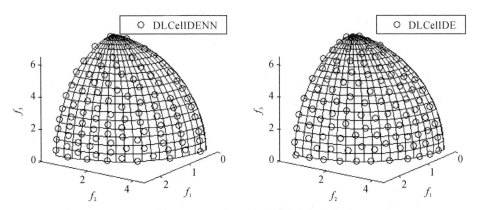

图 5-5 WFG5 Pareto 近似最优前端

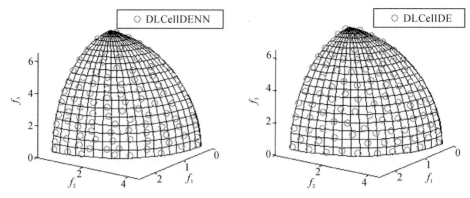

图 5-6   WFG9 Pareto 近似最优前端

综上所述,在 WFG 系列问题上,DLCellDE 算法在部分问题上的收敛性较好,在大部分问题上的前端覆盖性较好。然而 DLCellDE 算法仍然存在不足,它在 WFG1、WFG2、WFG5、WFG7 和 WFG9 问题上的收敛性不理想。尤其在前端复杂的 WFG1 和 WFG2 问题上,将分布性与收敛性做到更好的兼顾仍是一个要解决的问题。

5.3   基于 DLCellDE 算法的摆线针轮行星减速器多目标优化

摆线针轮行星减速器因具有结构紧凑、传动比大、传动效率高、使用寿命长、运行平稳等优点而被广泛应用于各种机械传动场合。由于摆线针轮行星减速器涉及的参数比较多、约束较复杂,因此给摆线针轮行星减速器的优化设计带来了一定困难,如何真正实现减速器的多目标优化设计是目前研究的热点和难点。

5.3.1   摆线针轮传动优化设计模型

图 5-7 展示了 K-H-V 型摆线针轮行星传动的典型结构,它主要由以下五部分组成。

(1)行星架。行星架由输入轴和双偏心套构成。

(2)针轮。在针齿壳的径向方向均匀地分布着针齿销,通常针齿销上还装有针齿套,称为针齿。

(3)摆线轮。为了使输入轴达到静平衡及提高减速器的承载能力,常采用两个相同的摆线轮结构。这两个摆线轮装在双偏心套上,在位置上相差 180 度。同时为了减小摆线轮和偏心套之间的摩擦,在它们之间还会安装转臂轴承。

(4)输出机构。这种减速器常采用销轴式输出机构。在摆线轮上开有安装柱销的柱销孔,柱销上一般装有柱销套。这样,摆线轮的转动就可以通过柱销输出。

(5)圆柱销。用于固定零件之间的相对位置。

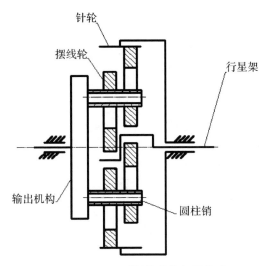

图 5-7 K-H-V 型摆线针轮行星传动

5.3.2 摆线轮理论齿廓曲线

基圆 1 与滚圆 2 外切,基圆 1 的圆心为直角坐标系的坐标原点,如图 5-8 所示。根据摆线轮齿廓形成原理,假设基圆 1 固定不动,滚圆 2 从切点 A 滚动到切点 B 时,滚圆上点 M 的轨迹就是一段摆线轮外摆线。将滚圆 2 的圆心绕基圆 1 的圆心转过的角度记为 φ,滚圆 2 自转的角度记为 θ_b,滚圆 2 的绝对转角记为 φ_h,针轮分布圆的半径记为 R_z,偏心距 $e = \overline{O_b O_g}$,可得摆线轮理论齿廓上某个点的坐标为:

$$\begin{cases} x_0 = R_z\sin\varphi - e\sin\varphi_h \\ y_0 = R_z\cos\varphi - e\cos\varphi_h \end{cases} \tag{5-1}$$

设短幅系数为 K_1,针轮分布圆半径为 R_z,针轮齿数为 Z_b,得偏心距 $e = K_1 R_z / Z_b$,同时 $Z_b = \varphi_h / \varphi$,故摆线轮的理论齿廓曲线的参数方程为:

$$\begin{cases} x_0 = R_z\left(\sin\varphi - \dfrac{K_1}{Z_b}\sin Z_b\varphi\right) \\ y_0 = R_z\left(\cos\varphi - \dfrac{K_1}{Z_b}\cos Z_b\varphi\right) \end{cases} \tag{5-2}$$

根据微分学计算曲率半径的公式,可以求得摆线轮理论齿廓曲线的曲率半径 ρ_0 为:

$$\rho_0 = \frac{(1 + K_1^2 - 2K_1\cos\theta_b)^{\frac{3}{2}} R_z}{K_1(1 + Z_b)\cos\theta_b - (1 + Z_b K_1^2)} \tag{5-3}$$

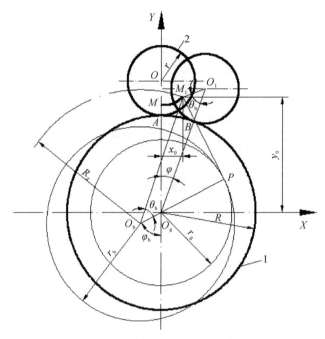

图 5-8　摆线轮理论齿廓曲线

5.3.3　针齿与摆线轮啮合作用力

当针轮固定、摆线轮作为输出件时,摆线轮的角速度 ω_g 与输出力矩 T_g 方向相反,如图 5-9 所示。在转换机构中,摆线轮的转向与针轮的转向相同。在 Y 轴左侧,针轮与摆线轮相互啮合,针齿对摆线轮齿的作用力 F_i 的作用线(啮合点的法线)过节点 P;在 Y 轴右侧,针齿离开摆线轮,它们之间没有作用力。

当对针轮施加一个与 T_g 大小相等、方向相反的力矩时,各针齿中心相应地发生一个相同的微小周向位移 Δu,啮合力 F_i 的大小与 Δu 在 F_i 作用线方向的分量成正比:

$$F_i \propto \Delta u \cos\alpha_i = \Delta u \frac{l_i}{R_z} \tag{5-4}$$

式中,l_i 为圆心 O_b 到 F_i 作用线方向的垂直距离。

当 $l_i = r_b$ 时,$F_i = F_{\max}$,即

$$F_{\max} \propto \Delta u \frac{r_b}{R_z} \tag{5-5}$$

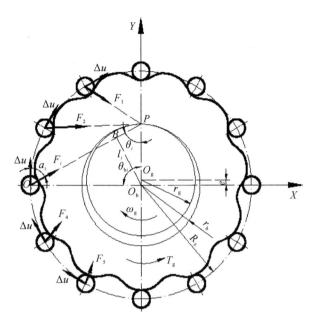

图 5-9　针齿与摆线轮啮合作用力

在 $\triangle O_bBP$ 中，$\sin\theta_i = l_i/r_b$，根据式(5-4)和式(5-5)可得：

$$F_i = F_{max}\frac{l_i}{r_b} = F_{max}\sin\theta_i \tag{5-6}$$

最大的啮合作用力为：[67]

$$F_{max} = \frac{4T_g}{K_1Z_gR_z} \tag{5-7}$$

式中，Z_g 为摆线轮齿数。

设 T_v 为减速器输出轴上的阻力矩，摆线轮、针齿的制造误差及它们的安装误差会引起两个摆线轮上的载荷分配不均匀，所以通常将 T_v 增大 10%，则每一个摆线轮的输出转矩为 $T_g = 0.55T_v$。

$$F_{max} = \frac{2.2T_v}{K_1Z_gR_z} \tag{5-8}$$

在 $\triangle PO_bO_i$ 中，由正弦定理可得：

$$\sin\theta_i = \frac{R_z}{PO_i}\sin\theta_{bi} \tag{5-9}$$

同时，由余弦定理可得：

$$\overline{PO_i} = \sqrt{R_z^2 + r_b^2 - 2R_zr_b\cos\theta_{bi}} \tag{5-10}$$

由于 $K_1 = r_b/R_z$，故

$$\overline{PO_i} = R_z\sqrt{1 + K_1^2 - 2K_1\cos\theta_{bi}} \tag{5-11}$$

由式(5-6)、式(5-8)、式(5-9)及式(5-11)可得：

$$F_i = \frac{2.2 T_v \sin\theta_{bi}}{K_1 Z_g R_z \sqrt{1 + K_1^2 - 2K_1 \cos\theta_{bi}}} \tag{5-12}$$

5.3.4　目标函数

选择摆线针轮行星减速器的针轮分布圆直径为 D_z、针齿销直径为 d'_z、摆线轮宽度为 B、短幅系数为 K_1、柱销直径为 d'_w 作为设计变量,其他参数均作为设计常量:

$$\boldsymbol{X} = (x_1, x_2, x_3, x_4, x_5) = (D_z, d'_z, B, K_1, d'_w) \tag{5-13}$$

在已知减速器输入功率、输入转速、传动比、转臂轴承和输出机构销轴数的前提下,构建三个优化目标。

(1)体积最小

针轮分布圆直径和针齿套直径决定了减速器的径向尺寸,摆线轮宽度和摆线轮之间的间隔决定了减速器的轴向尺寸。因此选用下式来反映减速器的体积[68]。

$$\min f_1(\boldsymbol{X}) = \frac{\pi}{4}(D_z + d'_z + 2\Delta_1)^2 (2B + \delta) \tag{5-14}$$

式中,Δ_1 为针齿套壁厚,此处取 $\Delta_1 = 3\text{mm}$。$\delta = b - B$ 为间隔环的厚度,b 为转臂轴承的宽度。

(2)转臂轴承受力最小

转臂轴承受力较大,将影响轴承的使用寿命,进一步影响减速器的使用寿命。

$$\min f_2(\boldsymbol{X}) = \frac{2.6 T_g Z_b}{K_1 D_z Z_g} \tag{5-15}$$

(3)针齿销最大弯曲应力最小

针齿折断是摆线针轮行星传动失效的主要形式之一。因此,这里把针齿销最大弯曲应力最小作为优化的第三个目标。此处采用双支点式针齿销,其结构简图如图 5-10 所示。

$$\sigma_F \approx \frac{M_{w\max}}{0.1 d'^3_z} = \frac{44 L_1 L_2 T_v}{L K_1 Z_g D_z d'^3_z} \tag{5-16}$$

式中,$L_1 = 0.5B + \delta' + 0.5\Delta$,$L_2 = 1.5B + \delta' + \delta + 0.5\Delta$,$L = L_1 + L_2 = 2B + 2\delta' + \delta + \Delta$;$\delta'$ 为摆线轮与针齿壳侧面间的间隙,此处取 4mm;Δ 为针齿壳侧面壁厚,一般 $d'_z \leqslant \Delta \leqslant B$,故

$$\min f_3(\boldsymbol{X}) = \frac{44 L_1 L_2 T_v}{L K_1 Z_g D_z d'^3_z} \tag{5-17}$$

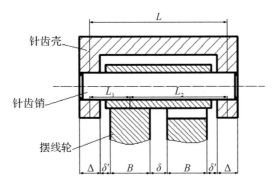

图 5-10　双支点式针齿销结构简图

5.3.5　约束条件

（1）短幅系数限制条件

这里将短幅系数 K_1 的范围限制在 $0.45 \sim 0.80^{[69]}$，即

$$g_1(\boldsymbol{X}) = 0.45 - K_1 \leqslant 0 \tag{5-18}$$

$$g_2(\boldsymbol{X}) = K_1 - 0.80 \leqslant 0 \tag{5-19}$$

（2）摆线轮齿廓不产生尖角和根切的条件

为了避免齿廓发生尖角和根切，针齿套外径与针轮分布圆直径的比值应当小于理论齿廓最小曲率半径系数 $\alpha_{\min}$，即

$$g_3(\boldsymbol{X}) = \frac{(d'_w + 2\Delta_1)}{D_z} - \alpha_{\min} \leqslant 0 \tag{5-20}$$

式中，$\alpha_{\min} = (1 + K_1)^2 / (1 + K_1 + Z_g K_1)$。

（3）柱销孔最大直径的约束条件

为了保证摆线轮有足够的强度，在两个柱销孔之间应留有一定的厚度 T，一般 $T = 0.03 D_z$，推导可得：

$$g_4(\boldsymbol{X}) = 2T - D_w + d_{sk} + D_1 \leqslant 0 \tag{5-21}$$

$$g_5(\boldsymbol{X}) = T - D_w \sin\frac{\pi}{Z_w} + d_{sk} \leqslant 0 \tag{5-22}$$

式中，Z_w 为输出机构销轴个数；D_w 为柱销孔分布圆直径，可以表示为：

$$D_w = \frac{d_{fc} + D_1}{2} \tag{5-23}$$

式中，d_{fc} 为摆线轮齿根圆直径，D_1 为摆线轮内孔直径（与转臂轴承外径大小相同）。

d_{sk} 是柱销孔直径，其定义如下：

$$d_{sk} = d_w + 2e \tag{5-24}$$

式中，d_w 是柱销套的外径。

（4）针齿分布约束

为了保证针齿壳的强度及针齿不发生干涉，必须保证针径系数 K_2 介于 $1.25\sim$ $4.00^{[67]}$，即

$$g_6(\boldsymbol{X}) = 1.25 - K_2 \leqslant 0 \qquad (5\text{-}25)$$

$$g_7(\boldsymbol{X}) = K_2 - 4 \leqslant 0 \qquad (5\text{-}26)$$

式中，$K_2 = D_z \sin(\pi \ / \ Z_b) \ / \ (d_z' + 2\Delta_1)$。

（5）摆线轮与针齿接触强度条件

为了防止齿面发生胶合破坏和疲劳点蚀，摆线轮与针齿啮合需要满足接触强度条件。由文献$^{[67]}$可知，其接触应力可根据赫兹公式计算，所以摆线轮与针齿的接触强度条件为：

$$g_8(\boldsymbol{X}) = 0.418\sqrt{\frac{F_i E_d}{B\rho_d}} - \sigma_{HP} \leqslant 0 \qquad (5\text{-}27)$$

式中，F_i 为任一瞬间针齿与摆线轮啮合的作用力，即式（5-12）；E_d 为针齿与摆线轮齿的当量弹性模量，由于两者的材料均为 GCr15 轴承钢，故 $E_d = 2.1 \times 10^5$ MPa；σ_{HP} 为材料的许用接触应力，单位为 MPa。ρ_d 为针齿套与摆线轮接触点的当量曲率半径，其计算公式如下：

$$\rho_d = \frac{r_z(\rho_0 + r_z)}{\rho_0} = \frac{(0.5d_z' + \Delta_1)(\rho_0 + 0.5d_z' + \Delta_1)}{\rho_0} \qquad (5\text{-}28)$$

式中，r_z 为针齿套外半径。

（6）针齿销弯曲强度条件

由式（5-17）可得：

$$g_9(\boldsymbol{X}) = \frac{44 L_1 L_2 T_v}{L K_1 Z_g D_z d_z'^3} - \sigma_{FP} \leqslant 0 \qquad (5\text{-}29)$$

式中，σ_{FP} 为材料的许用弯曲应力，单位为 MPa。

（7）柱销套与柱销孔接触强度条件

由文献$^{[67]}$推导得：

$$g_{10}(\boldsymbol{X}) = 3000\sqrt{\frac{10 K_1 T_v D_z}{Z_w D_w B\left(r_w^2 Z_b + \dfrac{D_z K_1}{2} r_w\right)}} - \sigma_{HP} \leqslant 0 \qquad (5\text{-}30)$$

式中，r_w 为柱销套外半径，其可以表示为：

$$r_w = \frac{d_w'}{2} + \Delta_2 \qquad (5\text{-}31)$$

式中，Δ_2 为柱销套厚度。

（8）柱销弯曲强度条件

由文献$^{[67]}$推导得：

$$g_{11}(\boldsymbol{X}) = \frac{105.6 T_{\mathrm{v}}(1.5B + \delta)}{Z_{\mathrm{w}} R_{\mathrm{w}} d_{\mathrm{w}}^{\prime 3}} - \sigma_{\mathrm{FP}} \leqslant 0 \qquad (5\text{-}32)$$

(9)摆线轮壁厚约束条件[69]

摆线轮的壁厚一般为 $B = (0.05 \sim 0.1)D_{\mathrm{z}}$，故

$$g_{12}(\boldsymbol{X}) = 0.05 D_{\mathrm{z}} - B \leqslant 0 \qquad (5\text{-}33)$$

$$g_{13}(\boldsymbol{X}) = B - 0.1 D_{\mathrm{z}} \leqslant 0 \qquad (5\text{-}34)$$

(10)转臂轴承寿命条件

$$g_{14}(\boldsymbol{X}) = L_{\mathrm{h}} - \frac{10^6}{60n}\left(\frac{C}{F}\right)^{\frac{10}{3}} \leqslant 0 \qquad (5\text{-}35)$$

式中，C 为转臂轴承上的额定动载荷，n 为轴承转速，L_{h} 为轴承寿命，一般取 5000h，F 为当量动载荷，此处取 $F = 1.2R$，R 为摆线轮作用在轴承上的力，即式(5-15)。

5.3.6 约束支配关系

在对模型进行优化时，两个候选解之间会出现以下三种支配关系。

(1)两个解都是不可行解，则保留约束违反程度小的解。

(2)一个解可行，另一个解不可行，则可行解支配不可行解。

(3)两个解都是可行解，则根据 Pareto 占优保留候选解。在 DLCellDE 算法中，根据秩与 k 最近邻距离来选择，秩小的解支配秩大的解。秩相等时，k 最近邻距离大的解支配 k 最近邻距离小的解。

5.3.7 求解流程

摆线针轮行星减速器的求解流程如图 5-11 所示，主要步骤如下。

(1)种群初始化

采用实数制编码随机生成初始种群。相应的决策变量为 $\boldsymbol{X} = (x_1, x_2, x_3, x_4, x_5) = (D_{\mathrm{z}}, d_{\mathrm{z}}^{\prime}, B, K_1, d_{\mathrm{w}}^{\prime})$。

(2)种群进化

根据以下步骤完成二维环形网状结构中所有个体的进化。

①选择父本

基于秩与 k 最近邻距离，在当前个体的 Moore 型邻居结构中，通过二元锦标赛选出当前个体的两个父本。

②变异交叉

对个体进行差分变异及交叉操作。

③子代评估

对子代个体的目标值进行评估,根据子代与父代的支配关系完成相应的替换,并将替换后的子代加入外部种群。若是进化的第二阶段,则当外部种群中的非支配个体超过设定种群规模时,立刻对外部种群进行修剪。

(3)进化种群更新

若是进化的第一阶段,则根据秩与 k 最近邻距离对外部种群进行修剪。然后将外部种群中的所有个体随机分布到二维环形网状结构。若是进化的第二阶段,则直接将整个外部种群(非支配个体)随机分配到二维环形网状结构。

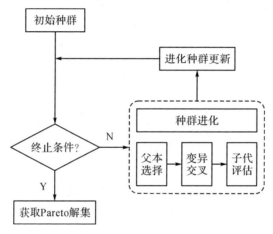

图 5-11　求解流程

5.3.8　实例求解

设计一个摆线针轮行星减速器,已知输入功率 $P=4\text{kW}$,输入转速 $n=1440\text{r/min}$,传动比 $i=29$,柱销数目 $Z_w=10$,摆线轮、针齿套、针齿销、柱销和柱销套的材料均采用 GCr15 轴承钢,HRC58~64,许用接触应力 $\sigma_{HP}=850\text{MPa}$,许用弯曲应力 $\sigma_{FP}=150\text{MPa}$,转臂轴承外径为 86.5mm,宽度 $b=25\text{mm}$,额定动载荷 $C=64900\text{N}$。优化目标为减速器的体积最小(f_1),转臂轴承受力最小(f_2),针齿销最大弯曲应力最小(f_3)。

这里采用 CellDE 算法和 DLCellDE 算法对该问题进行优化。算法参数设置:种群规模和外部种群规模都为 100,进化代数为 1000 代。根据参考文献[70],令 $F=0.6$,$CR=0.5$。这两种算法分别对减速器优化模型进行 15 次独立计算。设计变量的初始值如表 5-13 所示。分别从 CellDE 算法和 DLCellDE 算法获得的解中提取最终的非支配解,这些非支配解的 Pareto 前端如图 5-12 所示。

表 5-13　设计变量初始值

设计变量	范围
针轮分布圆直径/mm	$200 \leqslant D_z \leqslant 300$
针齿销直径/mm	$8 \leqslant d_z' \leqslant 12$
摆线轮宽度/mm	$12 \leqslant B \leqslant 17$
短幅系数	$0.45 \leqslant K_1 \leqslant 0.80$
柱销直径/mm	$12 \leqslant d_w' \leqslant 55$

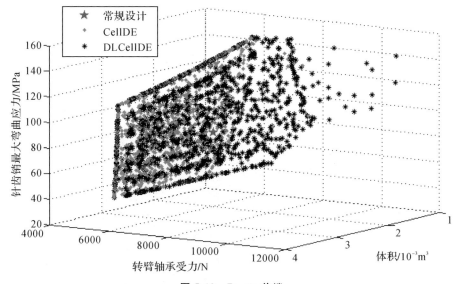

图 5-12　Pareto 前端

　　从图 5-12 可以看出,DLCellDE 算法获得的 Pareto 前端在目标空间中的多样性要好于 CellDE 算法。CellDE 算法获得的 Pareto 前端主要集中在图的左边,而 DLCellDE 算法获得的 Pareto 前端范围要更广。图 5-13 是图 5-12 在 f_1(体积)和 f_2(转臂轴承所受的力)上的双目标 Pareto 前端。从图中可知,当体积增大时,转臂轴承受力会减小。另外,还可以从图 5-13 中看出,DLCellDE 算法获得的最小体积要比 CellDE 算法获得的最小体积小。这主要是因为 DLCellDE 算法采用了归一化的 k 最近邻距离,消除了分目标间的量纲影响,有助于算法照顾到目标值变化范围小的分目标。图 5-14 是图 5-12 在 f_1(体积)和 f_3(针齿销的最大弯曲应力)上的双目标 Pareto 前端。由图 5-14 可知,体积的增大能在一定程度上减小针齿销的最大弯曲应力,但针齿销的最大弯曲应力又不完全受制于体积,由式(5-16)可知,短幅系数等参数也会影响针齿销的弯曲应力。

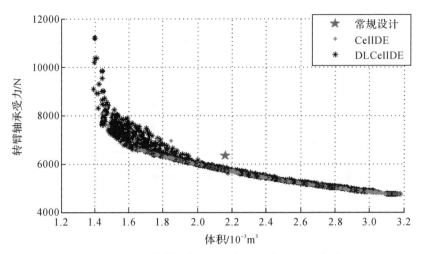

图 5-13　体积与转臂轴承受力的双目标 Pareto 前端

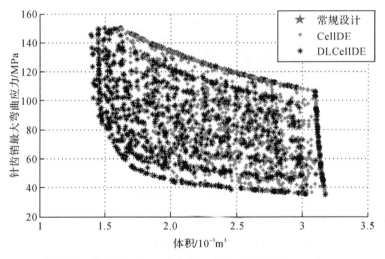

图 5-14　体积与针齿销最大弯曲应力的双目标 Pareto 前端

图 5-12 至图 5-14 中的五角星代表常规设计获得的目标值。由图 5-14 可知,两种算法均获得了优于常规设计的解。为了对算法的多样性进行进一步测试,图 5-15 统计了每种算法在 15 次运行中获得的三目标均优于常规设计的解个数。由图5-15 可知,除第 9 次和第 14 次运行外,DLCellDE 算法获得的解都要多于 CellDE 算法。尤其在第 5 次运行时,CellDE 算法无法获取优于常规设计的解,而 DLCellDE 算法共获得了 8 个,表明 DLCellDE 算法在求解该问题时表现得更加稳定。

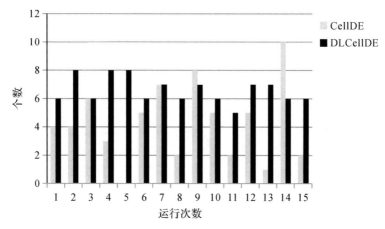

图 5-15　三目标优于常规设计的解个数

　　为了形象地展示这两种算法获得的这部分解,图 5-16 给出了它们的 Pareto 前端。从图中可以清晰地看出,这部分解被一个长方体所包围,这些解的三个分目标都要小于常规设计的三个分目标。

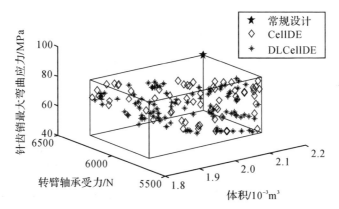

图 5-16　三目标优于常规设计的 Pareto 前端

　　从 DLCellDE 算法求得的 1500 个解中,根据秩与 k 最近邻距离提取 100 个非支配解。这些解的 Pareto 前端如图 5-17 所示,其中字母标记的是非支配解中优于常规设计的解对应的 Pareto 前端。表 5-14 给出了这些完全支配常规设计的解及对应的分目标值。

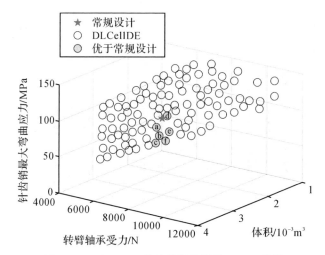

图 5-17　DLCellDE 算法获得的最终 Pareto 前端

表 5-14　完全支配常规设计的解及对应的分目标值

设计方法及解	设计参数					分目标		
	针轮分布圆直径 D_z/mm	针齿销直径 d'_z/mm	摆线轮宽度 B/mm	短幅系数 K_1	柱销直径 d'_w/mm	f_1/m^3	f_2/N	f_3/MPa
常规设计(☆)	240	10	17	0.75	20	2.16e-3	6322	80.38
DLCellDE(a) 圆整	242.998 **243**	10.356 **10.4**	15 **15**	0.800 **0.80**	23.251 **23.2**	2.11e-3 **2.11e-3**	5854 **5854**	64.39 **63.65**
DLCellDE(b) 圆整	240.149 **240**	11.190 **11.2**	15.002 **15**	0.795 **0.80**	20.723 **20.8**	2.08e-3 **2.08e-3**	5960 **5927**	53.04 **52.62**
DLCellDE(c) 圆整	242.453 **243**	12 **12**	15 **15**	0.800 **0.80**	21.533 **21.6**	2.13e-3 **2.14e-3**	5867 **5854**	43.17 **43.07**
DLCellDE(d) 圆整	232.781 **233**	9.755 **9.8**	**15** **15**	0.800 **0.80**	18.908 **19.0**	1.94e-3 **1.94e-3**	6111 **6105**	79.22 **78.15**
DLCellDE(e) 圆整	229.345 **230**	11.115 **11.2**	15.017 **15**	0.800 **0.80**	17.936 **18.0**	1.91e-3 **1.92e-3**	6203 **6185**	56.25 **54.91**
DLCellDE(f) 圆整	234.774 **235**	12 **12**	14.915 **15**	0.788 **0.79**	19.421 **19.4**	2.00e-3 **2.01e-3**	6149 **6130**	45.15 **45.10**

　　通过上述分析可知,DLCellDE 算法获得了三个分目标同时优于常规设计的解。然而,在实际设计场合,由于优化的分目标之间无法同时达到最优,决策者有时需要结合具体的情况,对所选择的多个优化目标进行折中处理。比如,设计者希望减速器的体积和针齿销的最大弯曲应力尽可能小,而转臂轴承的受力可以在满足约束条件的前提下适当地增大。下面结合这种情况,从图 5-17 获取的最终非支

配解中选取这样的偏好解。图 5-18 和图 5-19 分别描述了体积与转臂轴承受力、体积与针齿销最大弯曲应力的关系。

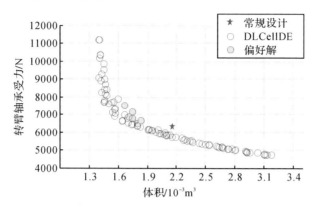

图 5-18　体积与转臂轴承受力的关系

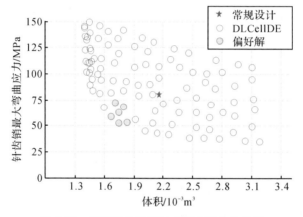

图 5-19　体积与针齿销最大弯曲应力的关系

由图 5-18 可知，这六个偏好解的第三个目标值（转臂轴承受力）要比常规设计的第三个目标值大，但是它们的体积却要比常规设计的体积小，同时结合图 5-19，这些偏好解的针齿销弯曲应力的目标也要优于常规设计。这六个偏好解适当牺牲了第三个目标的性能，但是明显提高了体积的性能。另外，在完全优于常规设计值的解中，体积的最小值为 1.92×10^{-3}，而这些偏好解的体积比这个体积还要小。

5.4　本章小结

将 CellDE 算法严格的外部种群规模维护机制引入 NCellDE 算法中，得到 DLCellDE 算法。选择 DTLZ 系列函数和 WFG 系列函数对算法性能进行测试。结果表明，DLCellDE 算法能较好地兼顾 Pareto 前端的收敛性和分布性。将 DLCellDE

算法用于摆线针轮行星减速器的多目标优化设计,获得了优于常规设计的参数,这进一步证明了算法的工程可行性和实用性。尽管减速器的部分目标之间存在着冲突,但是该多目标优化方法可以较好地对多个目标进行同时优化,避免了传统多目标转换成单目标进行优化的弊端。算法获得的 Pareto 前端分布较均匀,能充分体现各个分目标之间的关系,为设计者提供了多个可供选择的设计方案,对摆线针轮行星减速器的设计及类似多目标优化问题优化具有一定的参考意义。

第6章
自适应多目标元胞差分算法设计及应用

在 CellDE 算法的应用过程中,算法在不同的改进方式下都实现了不同程度的优化提高;但是在相关设计过程中,却少有学者将元胞个体的性能特点与进化过程的周期特性进行充分考虑与分析。针对上述问题,本章提出了一种自适应多目标元胞差分(ACellDE)算法[71,72],该算法通过调整种群中元胞个体的邻居结构来增强算法的局部搜索能力,避免其出现局部最优解的情况。利用一种新的变异方式来满足算法的性能需求,可使算法的全局寻优与局部搜索能力得到有效平衡,让算法的优化效果得到进一步提高。为了验证所设计算法的有效性,将改进后的算法与其他经典的多目标进化算法从收敛性、多样性以及综合性能的角度进行对比分析,并且根据相应的测试结果论证改进措施的有效性。

6.1 自适应多目标元胞差分算法

6.1.1 邻居结构自适应策略

CellDE 算法通过差分变异的方式改善了原始算法的性能,但是其收敛能力相较于其他优异的算法仍有提高的空间。同时,邻居结构在进化种群中的应用,一方面帮助算法提高了全局寻优的能力,使算法的多样性得到维护;但另一方面也限制了元胞个体之间的性能交流,减缓了个体信息在种群中的传播速度,使算法在进化过程中容易出现局部最优解的情况。当该问题发生时,算法的优化效果通常会因为部分元胞个体进化过程的不充分而受到影响。因此,如何合理、有效地提高算法性能,避免其在进化过程中出现不必要的局部最优解是本算法改进设计的关键。

为了实现算法性能的提高,许多学者都对该类型算法的进化过程进行了研究设计。作为一种群结构化的算法,其邻居结构的设计对算法的优化求解能力有着重要的影响。目前,CellDE 算法中主要采用的是 Moore 型邻居结构,该结构主要由当前元胞个体与邻域范围内的八个邻居个体共同构成。根据算法的设计,进化所需的父本个体需要从当前邻域范围内进行选择。所以相较于传统的种群形式,元胞结构的应用缩小了父本个体的选择范围,并在一定程度上降低了与最优个体交配的概率。为了实现性能的提高,算法需要强化当前元胞个体与种群中其余个体之间的性能交流能力,使优异个体的信息得到更加广泛的传播。

在相关的算法研究中,为了充分发挥多种元胞邻居结构的性能特点,BS 策略与 BL 策略作为两种邻居自适应策略,被应用在算法的改进设计中。其中,BS 策略主要采用的方法是当前元胞个体表现性能越劣势,则该个体可以分配得到的邻居个体数量就越多。在该策略的影响下,种群中的劣势个体可以实现与优良个体的交配进化,让种群中劣势个体的性能得到提高,有助于种群整体性能的不断优化。而 BL 策略的思路与 BS 策略相反,即当前个体呈现出越优异的性能,则需要分配给当前个体越多数量的邻居个体。在该方式的作用下,对应元胞个体增加了与最优个体交配的概率,种群中优异个体的性能得到了进一步的提高,同时加强了算法跳出局部最优的能力。

为了强化精英个体对种群进化过程的影响,本书依据 BL 策略的设计思路,对种群中性能优异的个体进行邻域范围的调整。因为需要更多的邻居个体参与到对应元胞个体的进化过程中,算法在保留原始 Moore 型结构的基础上又引入了 C13 与 C25 两种邻居结构。与原始结构相比较,新引入的邻居结构扩大了对应邻域的覆盖区域,加速了个体的性能迁移能力。

图 6-1 对邻居结构的分配过程进行了具体的设定:在每一代种群的进化开始前,算法对种群中所有的元胞个体依据支配等级和拥挤距离进行性能的排序与分类。当种群中的元胞个体开始进化时,首先需要对其隶属类型进行判断。如果当前个体隶属于精英个体,则算法相应地采用 C25 邻居结构来实现其进化过程。该类型邻居结构强化了元胞个体之间的交流能力,并且因为参与进化的邻居个体数量得到了保障,从而在一定的程度上可以有效避免算法出现过早收敛的情况。当参与进化的个体属于常规个体时,算法应用 C13 邻居结构作为元胞个体的邻居结构。而如果当前个体的性能相对劣势,则算法应该采用传统的 Moore 型结构来实现元胞个体的进化过程。在上述分配过程的作用下,算法可以通过调整对应个体的邻居结构来适应不同的进化需求,帮助种群中的个体实现更加充分的进化。

在元胞个体隶属类型的判断过程中,对应邻居结构的比例在算法的进化过程中扮演着重要的角色,并且直接影响算法的最终优化效果。在相关的文献中[73,74],对应邻居结构的比例大多采用固定不变的设计或者是随机变化的方式,但种群的进化过程十分复杂,特定阶段的种群往往有着特定的进化需求。因此,在多邻居结构的基础上,本书针对算法的进化过程对多种邻居结构的比例大小进行了周期性的调节,如式(6-1)所示:

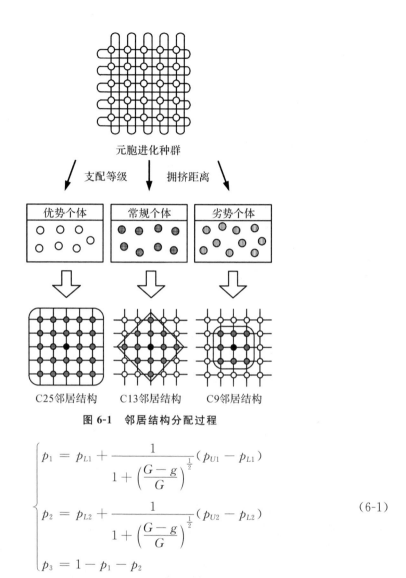

元胞进化种群

支配等级　拥挤距离

优势个体　常规个体　劣势个体

C25邻居结构　C13邻居结构　C9邻居结构

图 6-1　邻居结构分配过程

$$
\begin{cases}
p_1 = p_{L1} + \dfrac{1}{1 + \left(\dfrac{G-g}{G}\right)^{\frac{1}{2}}}(p_{U1} - p_{L1}) \\[4mm]
p_2 = p_{L2} + \dfrac{1}{1 + \left(\dfrac{G-g}{G}\right)^{\frac{1}{2}}}(p_{U2} - p_{L2}) \\[4mm]
p_3 = 1 - p_1 - p_2
\end{cases}
\tag{6-1}
$$

式中，p_1、p_2、p_3 为对应优势个体、常规个体和劣势个体在整个种群中所占的比例；p_{L1} 与 p_{U1} 为优势种群在进化过程中所设定的最小与最大种群比例；同理，p_{L2} 与 p_{U2} 为种群中常规种群最小和最大种群比例；g 代表当前进化代数，G 代表最大进化代数。其中，为了保证种群在进化前期能够充分发挥原始邻居结构寻优能力强的特点，p_{L1}、p_{L2} 取值均为 0.1；同时，为了使得多邻居结构的优势得到有效的发挥，p_{U1}、p_{U2} 取值均为 0.3。

在该设计下，常规邻居结构在前期发挥着重要的作用，算法的全局寻优能力得到充分的发挥。而当种群处于进化的中后期时，父本个体趋近于最优解，导致差分向量的数值减小，进化机制中的扰动能力随之减弱。但是大规模邻居结构在种群中的应用,使该算法可以通过多个邻居个体之间的差异性来保证对应的扰动性能,有效地避免了上述进化问题的发生。

6.1.2　周期自适应的差分变异机制

对于 CellDE 算法而言,针对元胞化结构进化效率不高的缺点,算法可依托差分进化的方式来改善种群中个体的进化问题。差分进化中存在许多的变异模式,不同的差分变异模式对于算法的性能有着不同的引导作用[75,76]。其中,常见的差分变异模式如下。

(1)DE/rand/1/bin 表达式如式(6-2)所示:

$$V_{i,G} = X_{r1,G} + F(X_{r2,G} - X_{r3,G}) \tag{6-2}$$

(2)DE/rand/2/bin 表达式如式(6-3)所示:

$$V_{i,G} = X_{r1,G} + F_1(X_{r2,G} - X_{r3,G}) + F_2(X_{r4,G} - X_{r5,G}) \tag{6-3}$$

DE/rand/1/bin 与 DE/rand/2/bin 的变异模式采用随机选择的方式,通常情况下,该方式具有良好的全局探索能力,并且可以在一定程度上避免算法出现过早收敛的问题。但是该进化模式也存在对应的缺陷,因为注重于向量空间的搜索,从而容易导致收敛效率下降,无法高效实现对 Pareto 最优前端的逼近。

(3)DE/best/1/bin 表达式为:

$$V_{i,G} = X_{best,G} + F(X_{r1,G} - X_{r2,G}) \tag{6-4}$$

(4)DE/best/2/bin 表达式为:

$$V_{i,G} = X_{best,G} + F_1(X_{r1,G} - X_{r2,G}) + F_2(X_{r3,G} - X_{r4,G}) \tag{6-5}$$

DE/best/1/bin 与 DE/best/2/bin 的变异模式以最优个体作为基向量。与 DE/rand/1/bin 与 DE/rand/2/bin 的进化模式不同,该进化模式以最优个体的性能为基础,强化了算法的收敛能力,使算法可以高效实现对最优解集的求解。但因为该方式侧重于算法的收敛效率,故进化过程中容易出现过早收敛的问题,进而影响算法所求解的多样性。

(5)DE/rand-to-best/1/bin 表达式为:

$$V_{i,G} = X_{r1,G} + F_1(X_{best,G} - X_{r2,G}) + F_2(X_{r3,G} - X_{r4,G}) \tag{6-6}$$

DE/rand-to-best/1/bin 是以当前进化个体为基础的进化模式。不同于上述进化模式,该模式可以有效平衡算法的收敛性与多样性,但也存在鲁棒性能较差的问题。

对于算法存在的不同缺点,差分进化模式可以通过调整其变异模式来实现问题的解决。本算法为了平衡算法的全局搜索能力与局部寻优能力,采用了一种 DE/current-to-best/1/bin 的变异算法,如式(6-7)所示。与传统 CellDE 算法所采用的变异机制相比较,本算法通过两部分差分向量的设计实现了搜索能力的进一步强化,这样有助于算法实现对解空间的充分搜索。并且邻域范围内最优个体的参与保障了算法具有合理有效的收敛方向，提高了种群进化的效率。

$$V_{i,g} = X_{i,g} + F_1(X_{best,g} - X_{r1,g}) + F_2(X_{r2,g} - D_{r3,g}) \qquad (6\text{-}7)$$

式中，$X_{i,g}$ 为当前种群中的基准个体；$X_{best,g}$ 为邻域范围内的最优个体；$X_{r1,g}$ 与 $X_{r2,g}$ 为当前邻居结构内随机选择的个体；$D_{r3,g}$ 为算法所设计的扰动个体；F_1、F_2 为对应差分向量的缩放因子，本算法中两者的数值设置为 0.5；g 代表当前进化代数；G 代表最大进化代数。

为了强化算法的搜索能力，在变异算子中引入一个扰动个体。该扰动个体随算法进化周期的不断推进而发生变化，其具体的设计如式（6-8）与式（6-9）所示：

$$d_{r3,g}^j = \begin{cases} L^j + \text{rand} \cdot (U^j - L^j), \text{rand} < \tau \\ x_{r3,g}^j, \text{其他} \end{cases} \qquad (6\text{-}8)$$

$$\tau = \frac{1}{100}(1 + 9 \cdot 10^{5(t-1)}) \qquad (6\text{-}9)$$

式中，$d_{r3,g}^j$ 为 $D_{r3,g}$ 中的第 j 个个体；$x_{r3,g}^j$ 为邻居结构内随机个体 $X_{r3,g}$ 中的第 j 个个体；L^j 和 U^j 为相应元胞个体的上下边界值；τ 为算法所设定的时间阈值；$t = g/G$，即当前进化代数除以最大进化代数所得数值。

当该周期性扰动应用在算法的进化过程中时，随着进化周期的不断深入，该扰动被选择的概率会随着阈值的上升而不断增加。在其作用下，算法在中后期仍具有有效的搜索能力，有助于算法避免过早收敛的问题。

6.1.3　算法流程

根据所提出算法的设计思路，算法的进化步骤如下。

（1）将随机生成的元胞个体分布在二维环形拓扑结构中形成初始种群。同时，建立一个空的外部种群用于收集进化过程中的非支配个体。

（2）依据种群中相应个体的性能特点，通过所设计的分配机制赋予个体对应的邻居结构。在对应的邻域范围内，当前元胞个体与相应的邻居个体利用改进的差分进化方式生成子代个体。在该过程中，对于不同的进化阶段，利用一个周期性变化的扰动个体来强化算法的搜索能力。

（3）将生成的子代个体与当前个体进行比较，若子代个体成功实现对当前个体的支配，则该子代个体进入原始种群替换当前的元胞个体，并复制进入所设置的外部种群。

（4）在每一代进化周期结束之后，利用个体的支配等级和 k 最近邻距离对外部种群进行修剪，并在结束后将该种群中的部分非劣个体反馈分配到原始种群中。

（5）判断算法进程是否满足终止条件。如果满足对应条件，则终止算法的进程，输出最终所获的非支配解集；如果不满足终止条件，则继续循环执行步骤（2）、步骤（3）和步骤（4）。

6.2 算法的性能测试

6.2.1 同类型算法的性能对比分析

为了展现所设计的 ACellDE 算法相较于同一类型进化算法的性能优化情况，将 ACellDE 算法与 CellDE 算法、MOCell 算法进行对比分析。对比实验以 DTLZ1~DTLZ7 测试函数为基准函数[57]，DTLZ 测试函数的参数设置情况如表 6-1 所示。

表 6-1 DTLZ 测试函数的参数设置

测试函数	进化代数	变量维度
DTLZ1	300	7
DTLZ2	300	12
DTLZ3	500	12
DTLZ4	300	12
DTLZ5	500	12
DTLZ6	500	22
DTLZ7	500	30

同时，为了合理地进行三种算法的对比实验，对相关算法的参数也进行了统一设置。其中，ACellDE 算法与 CellDE 算法均采用差分进化的方式，缩放因子 $F=0.5$，交叉概率 $CR=0.1$[28]。而 MOCell 算法采用模拟二进制交叉与多项式变异的方式实现进化，对应变异概率为 0.9，交叉概率为 0.1[31]。为了保证计算结果的合理性，将三种算法都进行 20 次计算，取相应性能指标的平均值与标准来反映算法的性能情况。在本次对比中，采用 HV 指标（见表 6-2）与 IGD 指标（见表 6-3）来反映三种算法综合性能的优劣，各个指标的最优值用灰色背景以及加粗字体表示，次优值用加粗字体表示。

表 6-2 HV 的测试结果

测试函数	MOCell		CellDE		ACellDE	
	平均值	标准差	平均值	标准差	平均值	标准差
DTLZ1	7.861e-1	1.470e-2	**8.283e-1**	4.478e-3	**8.333e-1**	1.491e-4
DTLZ2	5.300e-1	3.196e-3	**5.603e-1**	4.737e-4	**5.631e-1**	6.094e-4
DTLZ3	——	——	——	——	**5.606e-1**	7.669e-3
DTLZ4	5.344e-1	3.671e-3	**5.603e-1**	7.023e-4	**5.624e-1**	6.928e-4

续表

测试函数	MOCell		CellDE		ACellDE	
	平均值	标准差	平均值	标准差	平均值	标准差
DTLZ5	**2.001e-1**	2.550e-5	**2.001e-1**	4.344e-5	**2.001e-1**	1.433e-5
DTLZ6	**2.001e-1**	2.549e-4	1.995e-1	3.216e-4	**2.000e-1**	1.918e-5
DTLZ7	2.551e-1	1.017e-3	**2.744e-1**	1.363e-3	**2.777e-1**	3.423e-4

在表 6-2 中,改进后的算法在 HV 指标中取得了七组测试函数中的六组最优值,MOCell 算法取得了其余一组最优值。根据计算结果分析可知,所设计的 ACellDE 算法在 HV 指标上明显优于其余两种算法,展现出了良好的综合性能。

表 6-3　IGD 的测试结果

测试函数	MOCell		CellDE		ACellDE	
	平均值	标准差	平均值	标准差	平均值	标准差
DTLZ1	3.685e-2	7.991e-3	**2.078e-2**	1.157e-3	**1.980e-2**	1.479e-4
DTLZ2	6.634e-2	1.925e-3	**5.246e-2**	4.950e-3	**5.252e-2**	5.623e-4
DTLZ3	——	——	——	——	**5.347e-2**	1.955e-3
DTLZ4	6.572e-2	2.748e-3	**5.317e-2**	5.620e-4	**5.350e-2**	6.719e-4
DTLZ5	4.140e-3	2.518e-4	**3.832e-3**	4.829e-4	**3.803e-3**	2.220e-4
DTLZ6	**4.188e-3**	2.450e-4	5.137e-3	4.704e-4	**4.057e-3**	1.798e-4
DTLZ7	8.610e-2	7.790e-3	**6.216e-2**	1.186e-3	**6.110e-2**	4.846e-4

在表 6-3 中,ACellDE 算法在 IGD 指标的计算结果中同样取得了优异的求解效果,其在 DTLZ1、DTLZ3 与 DTLZ5～DTLZ7 的函数中均获得了最优值。通过对比三种算法获得的结果,改进后的算法在综合性能的比较中取得了较为明显的优势。

通过对上述两个性能指标综合分析,ACellDE 算法在同一类型的元胞算法中表现出了更加优异的综合进化计算能力,该结果也验证了多邻居结构的应用与改进的变异机制在进化过程中发挥了有效的作用,使进化种群中的个体得到了更加充分的进化。

6.2.2　经典算法的性能对比分析

为了进一步论证 ACellDE 算法的性能优劣,将其与 NSGA-II、SPEA2 和 MOEA/D 算法进行性能结果的参照对比。为保证算法进化过程的统一与有效性,同样对算法的进化机制与所需参数进行设定：NSGA-Ⅱ、SPEA2 采用模拟二进制交叉、多项式变异实现进化，其中交叉概率设置为 0.9，变异概率取值为 $1/v$（v 为相应决策变量的维度），$\eta_c = 20, \eta_m = 20$；MOEA/D 算法参数设置为 $CR = 1.0, F = 0.5, p_m = 1/v, T = 10$；ACellDE 算法的参数设置与上文中的设置保持一致。为了更加合理地进行对比，算法将进化种群规模和外部种群规模的大小统一设置为 100，反馈个体的数目为 20。而在性能指标的选择上，本次对照实验选用 GD、S 和 HV 来反映参与测试算法对应的分布性（见表 6-4）、收敛性（见表 6-5）与综合性能（见表 6-6），从一个全面的角度来观察算法的性能情况。各个指标的最优值用灰色背景及加粗字体表示，次优值用加粗字体表示。

表 6-4　分布性指标的测试结果

测试函数	统计指标	ACellDE	MOEA/D	SPEA2	NSGA-Ⅱ
DTLZ1	平均值	**1.176e-2**	3.026e-2	**1.182e-2**	2.467e-2
	标准差	8.888e-3	6.422e-4	2.123e-3	9.682e-3
DTLZ2	平均值	**1.861e-2**	9.047e-2	**2.380e-2**	5.796e-2
	标准差	2.090e-3	1.053e-2	1.286e-3	1.419e-3
DTLZ3	平均值	**2.354e-2**	9.831e-2	**2.246e-2**	6.202e-2
	标准差	3.495e-3	8.548e-3	1.207e-3	2.524e-2
DTLZ4	平均值	**1.998e-2**	8.079e-2	**2.282e-2**	5.773e-2
	标准差	1.957e-3	1.886e-2	1.192e-3	1.817e-3
DTLZ5	平均值	**3.486e-3**	8.027e-3	**4.667e-3**	9.843e-3
	标准差	2.420e-4	3.764e-5	2.097e-4	2.555e-4
DTLZ6	平均值	**4.394e-3**	**8.173e-3**	1.156e-2	3.952e-2
	标准差	2.899e-4	1.460e-5	1.348e-3	2.947e-3
DTLZ7	平均值	**3.570e-2**	8.187e-2	**1.631e-2**	5.551e-2
	标准差	2.547e-3	1.252e-3	1.112e-3	1.137e-2

表 6-5　收敛性指标的测试结果

测试函数	统计指标	ACellDE	MOEA/D	SPEA2	NSGA-Ⅱ
DTLZ1	平均值	1.802e-3	**1.504e-3**	1.452e-2	**1.077e-3**
	标准差	1.184e-3	3.146e-4	1.168e-2	2.587e-4
DTLZ2	平均值	**5.636e-4**	**6.341e-4**	9.633e-4	1.086e-3
	标准差	1.339e-4	2.441e-5	9.058e-5	5.448e-5

续表

测试函数	统计指标	ACellDE	MOEA/D	SPEA2	NSGA-Ⅱ
DTLZ3	平均值	1.243e-2	1.012e-2	**4.427e-4**	**2.659e-3**
	标准差	1.644e-2	1.518e-2	1.154e-4	6.711e-4
DTLZ4	平均值	**7.306e-4**	**8.389e-4**	1.007e-3	1.078e-3
	标准差	2.049e-4	1.947e-4	1.743e-4	4.490e-5
DTLZ5	平均值	**4.373e-4**	**3.893e-4**	4.795e-4	4.951e-4
	标准差	2.613e-5	1.930e-5	4.347e-5	1.174e-5
DTLZ6	平均值	**8.209e-4**	**3.862e-4**	8.123e-3	2.384e-2
	标准差	7.214e-5	1.017e-6	1.367e-3	1.298e-3
DTLZ7	平均值	3.878e-3	**9.613e-4**	7.490e-3	**1.766e-3**
	标准差	7.053e-4	3.453e-4	1.674e-3	1.777e-4

　　如表 6-4 所示,在分布性能的计算结果中,ACellDE 取得了五个最优值,SPEA2 算法取得了两个最优值,其余两种算法未获得相应的最优值。依据最优值的数量情况,ACellDE 算法表现出了较为优异的分布性能,其主要原因为:①利用支配等级与 k 最近邻距离实现了外部种群个体的合理评价,使分布性优异的个体得以保留;②元胞化的种群结构有效维护了种群的多样性。

　　如表 6-5 所示,在收敛性能的计算结果中,ACellDE 算法取得了两个最优值,MOEA/D 算法获得了三个最优值,而 SPEA2 与 NSGA-Ⅱ 取得了一个最优值。根据上述比较结果,ACellDE 算法的收敛能力与其他进化算法相比,未显示出明显的优异性。但是结合考虑同类型元胞算法的求解情况,ACellDE 算法仍然实现了收敛能力的提高。

表 6-6　综合性能指标的测试结果

测试函数	统计指标	ACellDE	MOEA/D	SPEA2	NSGA-Ⅱ
DTLZ1	平均值	**8.333e-1**	7.925e-1	**8.202e-1**	8.058e-1
	标准差	1.022e-4	2.338e-3	2.625e-3	1.520e-3
DTLZ2	平均值	**5.631e-1**	5.318e-1	**5.531e-1**	5.309e-1
	标准差	4.688e-4	8.008e-4	7.464e-3	9.811e-4
DTLZ3	平均值	**5.625e-1**	5.093e-1	**5.583e-1**	5.085e-1
	标准差	1.252e-3	2.648e-3	8.815e-4	7.191e-3
DTLZ4	平均值	**5.624e-1**	5.281e-1	**5.527e-1**	5.338e-1
	标准差	5.240e-4	1.697e-2	1.028e-3	1.291e-3

测试函数	统计指标	ACellDE	MOEA/D	SPEA2	NSGA-Ⅱ
DTLZ5	平均值	**2.001e-1**	1.957e-1	**1.997e-1**	1.992e-1
	标准差	1.242e-5	2.557e-5	6.953e-5	5.574e-5
DTLZ6	平均值	**2.000e-1**	**1.959e-1**	1.480e-1	4.757e-2
	标准差	2.328e-5	5.814e-6	9.208e-3	4.296e-3
DTLZ7	平均值	**2.778e-1**	2.352e-1	**2.993e-1**	2.559e-1
	标准差	4.100e-4	3.290e-3	3.918e-3	1.389e-2

如表 6-6 所示,ACellDE 算法取得了 DTLZ1～DTLZ6 函数的最优值,SPEA2 取得了 DTLZ7 的最优值。结果说明,ACellDE 算法即使与经典的多目标优化算法相比较,仍然拥有优异的综合性能。而归结算法具有优异综合性能的原因为:①多邻居结构帮助算法个体实现了充分的进化过程,提高了算法的进化效率;②变异机制有效平衡了算法的性能,合理地引导了算法的进化方向。

为了更加直观地比较算法所获解集的性能情况,导出算法求解所得的 DTLZ1、DTLZ3、DTLZ6 与 DTLZ7 函数的 Pareto 前端。

四种算法在求解 DTLZ1 时所得的 Pareto 前端如图 6-2 所示。由图可知,SPEA2 与 ACellDE 算法展现出了优异的分布性能情况。在局部点的分布上,ACellDE 算法呈现出了更加优异的状态。

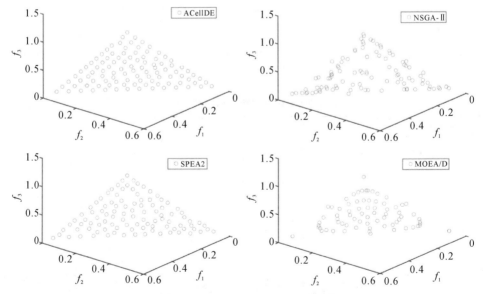

图 6-2　算法求解 DTLZ1 时的 Pareto 前端

　　四种算法在求解 DTLZ3 时所得的 Pareto 前端如图 6-3 所示。与上述 DTLZ1
函数展现的效果一致,ACellDE 算法相比较于 NSGA-Ⅱ 与 MOEA/D 算法,在分布
性能中有明显优势。其主要原因可归纳为:①算法在设计过程中保留了传统的
Moore 型邻居结构,使其在进化过程中仍可以发挥出全局寻优能力强、多样性优异
的特点;②变异算子中扰动个体的应用,使算法在进化的中后期仍可以实现对解空
间的合理搜索。

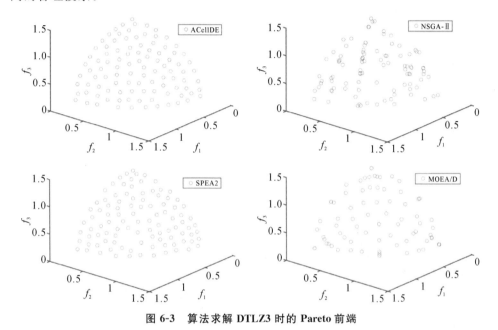

图 6-3　算法求解 DTLZ3 时的 Pareto 前端

　　四种算法在求解 DTLZ6 时所得的 Pareto 前端如图 6-4 所示。与求解 DTLZ1
函数和 DTLZ3 函数时不同,该组 Pareto 前端的差异性主要体现在算法的收敛性能
上。将四组图形进行对比,ACellDE 算法与 MOEA/D 算法相比于其余两种算法,
皆实现了对真实前端的收敛。而 NSGA-Ⅱ 与 SPEA2 未实现对 Pareto 前端的完整
收敛,其中 SPEA2 表现优于 NSGA-Ⅱ。通过进一步对比,MOEA/D 算法在图像中
出现了明显的断点,并没有表现出均匀连续分布的理想形状。其中,ACellDE 算法
取得了较为理想的图形结果。结合收敛能力与解的分布状况,四种算法中,
ACellDE 算法在该组测试函数中表现较为优异。

　　四种算法在求解 DTLZ7 时所得的 Pareto 前端如图 6-5 所示,通过对比各自图
形呈现的形状,ACellDE 算法与 SPEA2 实现了所求解的合理分布。但将两者进行
更细致的对比发现,SPEA2 在局部解的分布上呈现出更加优异的效果。而该结果
也说明了在复杂前端的求解能力上,ACellDE 算法仍然具有改进和提高的空间。

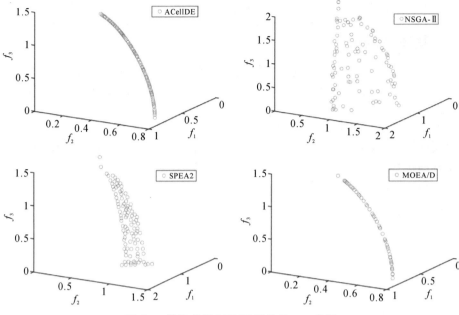

图 6-4 算法求解 DTLZ6 时的 Pareto 前端

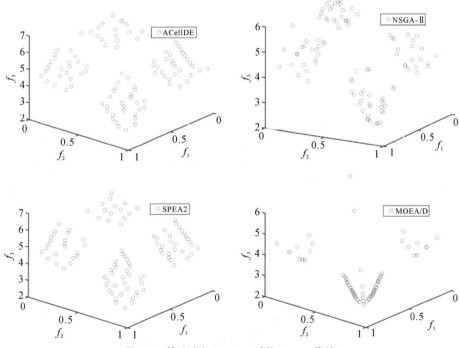

图 6-5 算法求解 DTLZ7 时的 Pareto 前端

6.3　基于 ACellDE 算法的 RV 减速器优化设计

6.3.1　RV 减速器相关研究

RV 减速器目前主要应用于机器人的关节运动中,对机器人本体的工作末端有着重要的影响,其实物装置如图 6-6 所示。与常规的减速器相比,RV 减速器存在如下性能优势[77]。

(1)传动比范围大。在 RV 减速器的传动过程中,当采用针齿固定的安装方式时,仅调节第一级减速中的太阳轮的齿数与行星轮的齿数就可以实现减速器传动比大范围调节。

(2)承载能力强。RV 减速器中拥有多个均匀分布的行星轮,且在运动过程中,多个行星轮共同承担所受到的载荷。在二级传动中,摆线轮通常与多个针齿同时实现啮合,因此在上述结构的共同作用下,RV 减速器的承载能力与常规减速器相比较具有较为明显的优势。

(3)寿命长、传动平稳。因为 RV 减速器是一个二级减速机构,外部的运动输入需要通过渐开线齿轮减速之后再传递到第二级的传动部分,且第二级传动中存在的摩擦多属于滚动摩擦,可使轴承内外环的相对转速降低,从而提高减速器的工作寿命。

(4)装置整体刚度大,具有良好的抗冲击性能。

图 6-6　RV 减速器

目前,针对 RV 减速器的性能优化,国内外学者从多个方面展开了研究。相关研究的主要内容包括 RV 减速器的传动精度、力学性能和优化设计等。

RV 减速器的传动精度主要从各零部件的加工误差、安装误差以及配合间隙等角度展开;RV 减速器力学性能的研究主要涉及摩擦润滑、啮合受力和振动模态等方面。

RV 减速器在工业机器人的运行过程中扮演着重要的角色,其通过优化设计的方式改善了减速器的特定性能,有助于提高装置的实用性。在有关研究设计中,针对减速器单一零部件(如摆线轮、曲柄轴等)的优化设计较为常见,但涉及减速器整体的优化设计还相对较少。根据对应的优化方法,目前对于装置整体的优化设计主要可分为单目标优化设计与多目标优化设计。RV 减速器的多目标优化设计主要涉及体积、效率、质量和最大接触应力等指标。

6.3.2 RV 减速器结构组成与工作原理

为了更好地对 RV 减速器进行优化设计,需要对 RV 减速器的结构组成形式进行分析。RV 减速器主要由渐开线齿轮传动机构和摆线针轮传动机构两部分组成,又因为应用场合与安装要求的差异性,其通常有着不同的组合形式与传动方式,其中最典型的结构形式如图 6-7 所示。

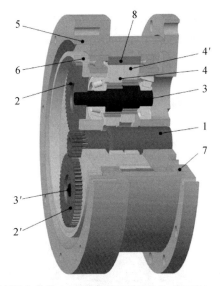

1—渐开线圆柱齿轮轴,2—渐开线圆柱行星齿轮(行星轮),3—曲柄轴,
4—摆线轮,5—针齿壳,6—法兰盘,7—输出行星架,8—针齿

图 6-7 RV 减速器结构示意

(1)渐开线圆柱齿轮轴:作为装置的动力输入构件,通过与渐开线行星齿轮啮合实现减速器的第一级减速。

(2)渐开线圆柱行星齿轮(行星轮):在圆周方向均匀分布的渐开线行星齿轮与渐开线行星齿轮轴中的太阳轮外啮合,实现功率的分流,其通过花键与曲柄轴实现固连。

(3)曲柄轴:曲柄轴的外悬臂部分与行星轮固连,承担第二级减速的输入,而另一端通过支持轴承安装在输出行星架中,中间部分通过轴承与两个摆线轮相连接。

（4）摆线轮：两片摆线轮通过偏心相位差 180°实现位置结构的布置，并利用转臂轴承实现与曲柄轴的连接。

（5）输出行星架：与针齿壳共同构成转动副，通过圆锥滚子轴承实现连接。

（6）针齿：针齿在圆周上实现均匀分布，并在结构上与针齿壳实现相互连接，针齿还与摆线轮啮合共同形成 K-H 差动轮系。

RV 减速器属于一种二级减速装置，主要包括第一级的渐开线行星齿轮传动和第二级的摆线针轮传动，其传动原理如图 6-8 所示。

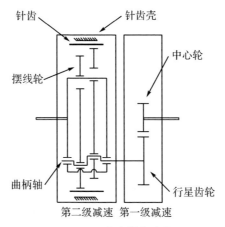

图 6-8　RV 减速器传动原理

第一级减速：在第一级实现减速的部分中，外部的动力通过太阳轮传递给均匀分布的行星轮，该级传动按照相应的齿数比实现高速级减速传动；而渐开线行星齿轮通过花键与曲柄轴连接在一起，所以行星轮的公转运动可以对多个均匀分布的曲柄轴实现动力的输入；曲柄轴的转动将带动摆线轮，进而实现第二级的摆线针轮传动。

第二级减速：在第二级的减速部分中，由曲柄轴带动的摆线轮做偏心运动；当针齿为固定设计时，摆线轮将利用输出圆盘上的轴承实现最终动力的输出。

6.3.3　RV 减速器优化模型

机器人关节对于 RV 减速器有着特殊的要求，为了在已有基础上提升性能，需建立减速器体积最小和针齿弯曲应力最小的优化模型。为了符合真实的工作情况，这里对目标函数涉及的约束条件进行了分析与罗列，以保证求解结果的真实有效性。RV 减速器的优化模型目标函数如下。

（1）体积

为了优化 RV 减速器的整体结构、降低生产制造的成本，将 RV 减速器的体积作为模型的优化目标之一。在减速器的结构中，体积主要由摆线针轮传动机构与

渐开线圆柱齿轮机构所决定,将目标函数设定为:

$$f_1(X) = \frac{\pi}{4} m^2 b(Z_1^2 + 3Z_2^2) + \frac{\pi}{4} (D_z + d_z)^2 (2B + \delta) \tag{6-10}$$

式中,m 为行星齿轮的模数;b 为行星齿轮的齿宽;Z_1 为太阳轮齿数;Z_2 为行星轮齿数;D_z 为针齿分布圆的直径;d_z 为针齿直径,$d_z = d_z' + 2\Delta_1$,d_z' 为针齿销直径,Δ_1 为针齿套壁厚,一般情况下 $\Delta_1 = 3$ mm;B 为摆线轮宽度;δ 为摆线轮之间的间隔距离,$\delta = b' - B$;b' 为曲柄轴轴承的宽度。

(2)针齿的弯曲应力

在装置运动过程中,摆线轮会对针齿产生一个径向力,使针齿受到挤压,进而发生弯曲的现象。当针齿发生的弯曲变形过大时,会导致针齿与针齿套的接触不良,转动不灵活,并且在严重情况下会与摆线轮之间发生胶合。为了避免上述问题产生,将针齿的最大弯曲应力作为优化目标,通过优化减小针齿所受的弯曲应力值来避免装置受到该因素的制约。

当针齿支撑的宽度较小时(针齿中心圆直径 $D_z < 390$mm),其设计通常采用两支点针齿,即近似将弯曲应力按两支点的简支梁受集中载荷来进行计算,如图 6-9 所示。

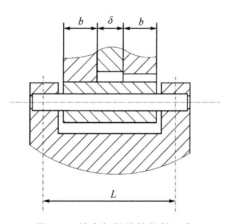

图 6-9　针齿与摆线轮接触示意

根据该结构的受力分析情况,优化模型中针齿所受到的最大弯曲应力可以表示为:

$$\sigma_F = \frac{1.41 F_{max} L}{d_z'^3} \tag{6-11}$$

$$F_{max} = \frac{2.2 T_V}{K_1 Z_g R_z} \tag{6-12}$$

式中,F_{max} 为针齿所承受的最大的接触力;T_V 为输出轴的阻力矩;Z_g 为摆线轮的齿数;K_1 为短幅系数;R_z 为针齿分布圆的半径;L 为针齿的跨度,通常情况下 $L = 3.5B$。

综合式(6-11)与式(6-12)可得：

$$f_2(X) = \frac{3.102 T_V L}{d_z'^3 K_1 Z_g R_z} \tag{6-13}$$

6.3.4　RV 减速器优化模型约束条件

(1)摆线轮厚度的约束条件

摆线轮的厚度与针齿分布圆的直径有着直接的关联,通常设计 $B = (0.05 \sim 0.1)D_z$,即

$$g_1(X) = 0.05 D_z - B \leqslant 0 \tag{6-14}$$

$$g_2(X) = B - 0.1 D_z \leqslant 0 \tag{6-15}$$

(2)短幅系数的约束条件

短幅系数 K_1 的数值过大容易造成根切现象,影响结构的可靠性。而当 K_1 的数值过小、传递的转矩固定时,针齿与摆线轮之间的啮合作用力则会增大,在实践分析中,$K_1 = 0.5 \sim 0.8$,即

$$g_3(X) = 0.5 - K_1 \leqslant 0 \tag{6-16a}$$

$$g_4(X) = K_1 - 0.8 \leqslant 0 \tag{6-16b}$$

(3)摆线轮齿廓不发生根切情况的约束条件

在相关设计中,针齿套的半径与针齿中心圆半径的比值需要小于理论齿廓的最小曲率半径系数,其目的是防止摆线轮齿廓发生尖角和根切现象,具体可表示为：

$$d_z / D_z < a_{\min} \tag{6-17}$$

$$a_{\min} = \frac{(1 + K_1)^2}{1 + K_1 + z_g K_1} \tag{6-18}$$

综合式(6-17)与式(6-18),对应约束可设计为：

$$g_5(X) = \frac{d_z}{D_z} - \frac{(1 + K_1)^2}{1 + K_1 + z_g K_1} < 0 \tag{6-19}$$

(4)摆线轮啮合齿面接触强度的约束条件

摆线轮与针齿面主要存在的失效形式为胶合和疲劳点蚀,两者的接触形式可以认为是瞬时圆柱体之间的接触,所以其接触应力可以根据赫兹接触应力公式进行计算[67]：

$$\sigma_H = 0.418 \sqrt{\frac{F_r E_d}{B \rho_d}} = 282 \sqrt{\frac{T_V}{B R_z^2 Y_{1\max}}} \leqslant [\sigma_H] \tag{6-20}$$

根据式(6-20),约束可设计为：

$$g_6(X) = 282 \sqrt{\frac{T_V}{B R_z^2 Y_{1\max}}} - [\sigma_H] \leqslant 0 \tag{6-21}$$

式中，F_i 为任意瞬间针齿与摆线轮相互啮合所产生的作用力；E_d 为两接触体的当量弹性模量，$E_d = \dfrac{2E_1E_2}{E_1+E_2}$，RV 减速器中摆线轮与针齿的材料均选用轴承钢，所以 $E_d = 2.06 \times 10^5 \, \mathrm{MPa}$；$\rho_d$ 为针齿与摆线轮所接触点的当量曲率半径；$Y_{1\max}$ 为最大接触应力处的位置系数；$[\sigma_H]$ 为许用接触应力，一般取 $[\sigma_H] = 1300\mathrm{M} \sim 1500\mathrm{MPa}$。

(5)针齿分布圆直径的约束条件

针齿分布圆直径的大小对 RV 减速器的尺寸设计与承载能力都有着较大的关联，且该尺寸的设计需要结合多方面进行考虑，计算过程较为复杂。通常情况下，该尺寸的设计需要依照对应的经验公式：

$$D_z = (1.7 \sim 2.6) \sqrt[3]{T_V} \tag{6-22}$$

因此，相应的约束条件应设计为：

$$g_7(X) = 1.7 \sqrt[3]{T_V} - D_z \leqslant 0 \tag{6-23}$$

$$g_8(X) = D_z - 2.6 \sqrt[3]{T_V} \leqslant 0 \tag{6-24}$$

(6)针齿系数 K_2 的约束条件

为了保护针齿壳，针齿之间需要存在一定的间隙，但同时需要保证针齿的抗弯能力，因此针齿的直径不能设置过小。当所设置的针齿系数过大时，针齿直径就随之减小，降低了针齿的抗弯强度；而针齿系数较小时，针齿分布就会比较密集，减弱了针齿壳的强度。在该情况下，针齿系数通常取 $K_2 = 1.25 \sim 2.50$，对应的约束设置为：

$$K_2 = \frac{D_z \sin \dfrac{\pi}{Z_b}}{d_z} \tag{6-25}$$

根据式(6-25)推导相应的约束为：

$$g_9(X) = \frac{D_z \sin \dfrac{\pi}{Z_b}}{d_z} - 2.5 \leqslant 0 \tag{6-26}$$

$$g_{10}(X) = 1.25 - \frac{D_z \sin \dfrac{\pi}{Z_b}}{d_z} \leqslant 0 \tag{6-27}$$

(7)针齿弯曲强度的约束条件

为避免针齿的弯曲变形对 RV 减速器的运动过程产生影响，其最大弯曲应力应小于许用弯曲应用值，即

$$\sigma_F = \frac{3.102 T_V L}{d_z'^3 K_1 Z_g R_z} < [\sigma_F] \tag{6-28}$$

式中，$[\sigma_F]$ 为许用弯曲应力。

根据式(6-28)可得约束条件为：

$$g_{11}(X) = \frac{3.102 T_V L}{d_z'^3 K_1 Z_g R_z} - [\sigma_F] < 0 \tag{6-29}$$

6.3.5　基于算法求解流程

在利用多目标进化算法对实际问题进行求解时,首先需要对实际的工程问题进行描述,确定相关的需求;其次依据描述的问题建立对应的数学模型,并且确定优化问题所涉及的设计变量、目标函数以及约束条件;然后利用多目标进化算法作为求解的工具,对所罗列的优化目标进行求解,获得一组 Pareto 最优解集;最后在所获的解集中,决策者依据自己的实际需求选择合适的解。

根据对 RV 减速器的分析,将减速器的体积、针齿弯曲应力作为设定的优化目标;将摆线针轮减速机构中短幅系数 K_1,针齿分布圆直径 D_z,摆线轮宽度 B,针齿直径 d_z' 作为设计变量。

$$X = [x_1, x_2, x_3, x_4] = [K_1, D_z, B, d_z'] \tag{6-30}$$

为了实现对实际优化目标的求解计算,算法所设置的具体求解流程如图 6-10 所示。

(1)种群初始化

采用实数编码的方式生成初始个体,将生成的个体随机分布在二维环形网状结构中,形成初始种群。

(2)种群的进化

为了实现种群的优化过程,每个进化个体按照以下的步骤实现自身的不断进化。

①选择父本

基于支配等级与拥挤距离,从当前个体对应的邻居结构中通过二元锦标赛的方式选择对应数量的父本个体。

②变异交叉

对个体进行改进后的差分变异及交叉操作,生成子代个体。

③子代评估

对子代个体的性能进行评估,根据子代个体与父代个体的支配关系完成相应的替换操作,并将成功实现替换的子代个体加入外部种群。如果当外部种群中的非支配个体超过所设定种群规模,则对外部种群进行修剪,使其种群数量维持在所设定的数值。

(3)进化种群更新

若进化过程未结束,则将外部种群中的部分个体随机分配到二维环形网状结构中,并对部分原始个体进行替换,实现种群的更新。

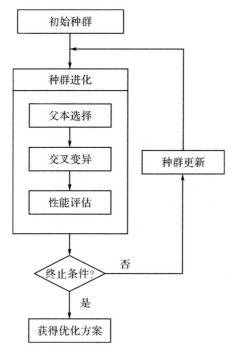

图 6-10　算法优化求解流程

6.3.6　实例求解及结果分析

为了实现对 RV 减速器的合理设计，将 RV-250 减速器作为设计的实例，其具体的参数数值如表 6-7 所示。

表 6-7　RV 减速器的基本参数

参数名称	数值
渐开线中心轮齿数	21
渐开线行星轮齿数	42
偏心距/mm	2.2
摆线轮齿数	39
针齿齿数	40
针齿中心圆直径/mm	229
针齿直径/mm	10
压力角/°	20
模数	2

　　为了保证算法的优化效果,依据文献对算法的部分参数进行调整,具体的设置情况:算法的进化代数设置为 1200 代,缩放因子 F 大小调整为 0.6,交叉概率 CR 设置为 0.5。

　　如图 6-11 所示,圆点表示算法优化后的方案,三角形表示在原始设计参数下计算得到的体积与弯曲应力。从体积与弯曲应力的变化关系中可以看出,针齿弯曲应力下降的同时往往会使减速器的体积增大;反之,体积减小的同时会导致弯曲应力的数值上升,两者之间存在着相互制约的关系。从图中两种设计方案的位置关系可以发现,通过算法优化可以获得与原始设计相比更加优异的设计方案。

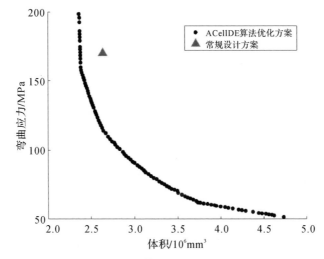

图 6-11　算法优化设计效果

　　为了更加直观地比较优化设计后 RV 减速器目标函数的情况,从种群选择一个非支配个体进行对比,如图 6-12 所示。将该非支配个体所代表的设计方案代入目标函数中进行计算,通过数值直接反映设计方案的真实优劣情况,如表 6-8 所示。表中数据代表了算法优化设计与算法常规设计的参数情况。

表 6-8　RV 减速器优化结果

设计变量	原始数据	优化设计数据	圆整数据
摆线轮宽度/mm	22	14	14
短幅系数	0.77	0.5027	0.5
针齿销直径/mm	10	9.6546	9.7
针齿分布圆直径/mm	229	263.8108	264

　　通过表中的数据可以计算得到 RV 减速器的体积为 $2.638 \times 10^3 \, \text{mm}^3$,针齿的弯曲应力为 170.191MPa。而通过优化设计后的 RV 减速器的体积为 $2.385 \times$

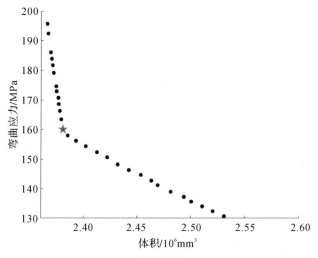

图 6-12　精英个体的选择

10^3mm^3,针齿的弯曲应力为 158.519MPa。通过对比两组方案可得,优化后的 RV 减速器体积减小了 9.6%,而针齿的弯曲应力则相应下降了 6.9%。根据该对比结果,算法的优化设计成功实现了对传统机械设计方案的优化提高。

　　算法优化性能的对比分析。为了更好地对比不同算法在计算解决工程优化问题时的优劣情况,将 NSGA-Ⅱ 应用在同一个减速器的优化设计中,并利用不同算法的进化机制来实现求解计算过程。对两种算法的计算结果进行比较(见图 6-13 和图 6-14),可以合理展现算法在实际优化问题中的优化能力。

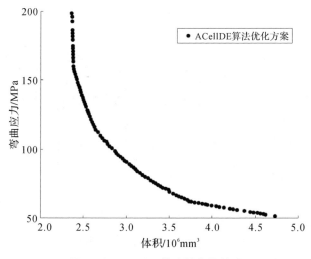

图 6-13　ACellDE 算法的优化效果

　　通过比较图 6-13 与图 6-14 可以发现,当多目标进化算法应用在实际的工程问题时,可以进一步改进常规设计,发挥出实际的功能效果。而将两个应用算法进行

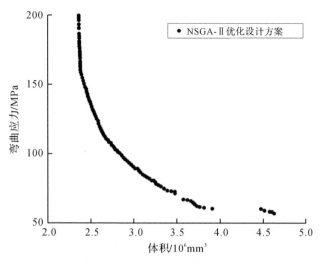

图 6-14　NSGA-Ⅱ的优化效果

对比可发现，ACellDE 算法与 NSGA-Ⅱ均可以实现对 Pareto 前端的收敛。但是当体积不断增加、弯曲应力不断减小时，NSGA-Ⅱ出现了明显的间隔和断点，说明这一部分解的分布性能较差。而 ACellDE 算法则明显改善了该问题，其解的部分更加均匀，表明具有良好的多样性。当算法应用于真实场合时，良好的多样性可以为决策者提供更加丰富的方案。

6.4　本章小结

本章在元胞差分算法的基础上对算法的进化机制进行了改进设计。首先，将多种元胞邻居结构应用在算法中，并针对种群的比例进行周期性的调整，强化了算法摆脱局部最优解的能力。然后，在算法设计中应用了一种新的变异方式，实现了算法局部搜索与全局寻优能力的平衡。同时，为了强化算法在后期的搜索能力，保障种群个体实现充分的进化过程，算法还引入了一个自适应的扰动个体。最后，将所设计的算法与多种经典的多目标优化算法进行性能上的比较分析，证明了ACellDE 算法具有优异的综合性能。

本章根据 RV 减速器在工程实际情况中的性能表现，将减速器的体积、针齿的弯曲应力作为优化设计的目标，归纳了摆线轮厚度、针齿弯曲强度、摆线轮与齿面啮合的接触强度等约束条件，并利用所设计的多目标进化算法对其进行优化计算。本章还将优化后的 RV 减速器设计方案与常规 RV 减速器设计方案进行比较分析，证实了算法的有效性，并且为了进一步证明算法求解能力的优异性，本章还将经典的 NSGA-Ⅱ同样应用在模型的求解中，通过对比所求解集的优劣性，验证了 ACellDE 算法的实际工程求解能力。

第 7 章
动态差分智能元胞机算法设计及应用

在保持种群多样性上,结构化种群比非结构化种群更有优势。元胞遗传算法通常将种群分配到元胞空间中,元胞的邻居结构在种群中会形成小生境,这种特性有助于算法更好地进行全局探索。调整个体的邻居结构可令进化种群由结构化种群过渡到非结构化种群,较好地兼顾了全局搜索和局部寻优之间的协同问题;同时,对外部种群保留的对象进行调整及完全反馈,可提高算法的收敛速度。将智能体机制引入细胞种群,采用两阶段的外部种群多样性维护方法;将扰动因子引入变异操作,使其跳出局部最优困境。本章采用智能元胞机(Agent Cellular Automata,ACA)建模技术,兼顾外部环境扰动影响,引入差分演化策略,提出了一种新的基于差分进化和元胞种群拓扑结构的算法——动态差分智能元胞机(DDEACA)算法。

7.1 动态差分智能元胞机算法

DDEACA 算法是基于 NCellDE 算法提出的,同时将智能体(Agent)机制引入 CA 空间封装并扩展为具有自主性的智能型元胞机,充分利用 Agent 的自治特性,结合结构化种群(元胞种群结构)和非结构化种群的优点,对个体(元胞)的邻居结构进行变化,将个体的邻居结构(如 Moore 型)扩大至整个进化种群,通过对个体的邻居结构进行调整,实现进化种群由结构化种群过渡到非结构化种群的效果,更好地实现了全局寻优和局部寻优之间的平衡。同时,为了减少算法对外部种群的维护时间,提高算法的收敛速度,DDEACA 算法对外部种群保留的对象进行了调整及完全反馈。邻居结构的变化将整个进化过程分为两个阶段:第一阶段,外部种群并不一定要保留非支配解;第二阶段,外部种群保留非支配解,同时一旦外部种群中的非支配个体超过预定规模,立刻对外部种群进行修剪。邻居结构和外部种群保留对象角色的变化赋予算法在两阶段寻优中具备不同的侧重点。算法的第一阶段侧重全局探索,第二阶段侧重局部挖掘,算法整体框架如图 7-1 所示,算法流程如图 7-2 所示。

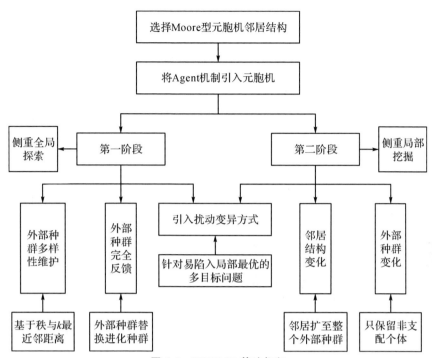

图 7-1　DDEACA 算法框架

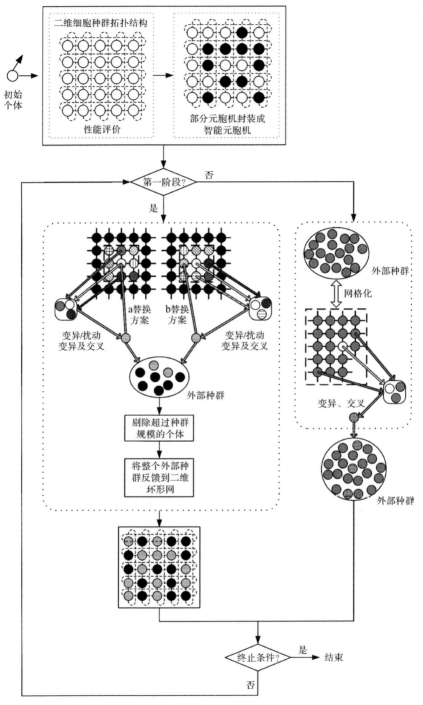

图 7-2　DDEACA 算法流程

对 DDEACA 算法每一步主要内容进行描述后，可得表 7-1 所示的算法步骤。

表 7-1　DDEACA 算法步骤

步骤	主要内容（总进化代数为 N 代）	
	第一阶段（0～M 代）	第二阶段（$M+1$～N 代）
开始	将 Agent 机制引入 CA	
步骤 1	对种群进行初始化，计算每个个体的目标函数值，再将种群中的个体随机分布到二维环形网格中，并将当前种群存入外部种群	
步骤 2	在每个个体的邻居中通过二元锦标赛选出两个较优秀的个体，将它们与当前个体共同作为父本，然后进行差分变异、交叉操作获得子代，并计算子代的目标函数值	
步骤 3	步骤 3.1：若子代支配当前个体，则将其替换当前个体（a 替换方案），同时将子代存入外部种群；若子代与当前个体互不支配，则尝试剔除当前个体所在 Moore 型邻居结构中（含子代）的最差者（b 替换方案），并将子代存入外部种群	步骤 3.2：若子代不被三个父本所支配，尝试将子代存入外部种群；一旦外部种群的非支配个体数量超过了外部种群规模，根据 k 最近邻距离立即对其进行修剪
步骤 4	重复步骤 2 与步骤 3，直到完成最后一个个体的进化	
步骤 5	步骤 5.1：在每代进化结束后，根据秩与 k 最近邻距离对外部种群的个体进行排序，剔除超过种群规模的个体；将整个外部种群中的个体作为下一次进化的种群，并将其随机分布到二维环形网格中，继续进化	步骤 5.2：下一代进化时从整个外部种群来选择每个个体的父本（等效于将元胞种群结构中的个体的邻居范围扩充至整个种群），继续进化直至满足进化的终止条件
陷入局部最优处理	当扰动分量（$X_{r2,j}-X_{r3,j}$）值较小或趋于零时，算法有可能陷入局部最优；算法将扰动因子引入变异操作使其跳出局部最优困境	

DDEACA 算法的伪代码如表 7-2 所示。

表 7-2　DDEACA 算法伪代码

DDEACA 算法伪代码

```
1. population ← Create_Population () //创建初始种群
2. archive ← Create_Archive (population) //创建外部种群
3. while! Termination Condition ()
4.     if first-stage
5.         for individual：1 to populationSize
6.             neighborhood ← Get_Neighbours(population, position (individual) );
7.             parent1 ← Select (neighbourhood);
8.             parent2 ← Select (neighbourhood);
9.             while parent1＝parent2
10.                parent2 ← Select (neighbourhood);
11.            end while
```

DDEACA 算法伪代码

```
12.         offspring ← DifferentialEvolution (individual，parent1，parent2)；
13.         EvaluateFitness (offspring)；
14.         Insert (position (individual)，offspring，population)；
15.         Add_Archive(individual)；  //加入外部种群
16.     end for
17.     population ← Replace_Individuals( population，archive)；//反馈
18.   else
19.     if first gen of second-stage //第二阶段第一代
20.        archive ← Change_Archive (archive) //外部种群保留非支配个体
21.     end if
22.     population ← Change_Population (archive) //外部种群作为进化种群
23.     for individual：1 to populationSize
24.        neighborhood ← Get_Neighbours (population，position (individual) )；
25.        parent1 ← Select (neighbourhood)；
26.        parent2 ← Select (neighbourhood)；
27.        while parent1＝parent2
28.          parent2 ← Select (neighbourhood)；
29.        end while
30.        offspring ← Differential Evolution (individual，parent1，parent2)；
31.        Evaluate Fitness (offspring)；
32.        Add_Archive (individual)；//加入外部种群
33.     end for
34.   end if
35. end while
```

7.1.1 算法改进设置及分析

(1)第一阶段外部种群多样性维护

DDEACA 算法的第一阶段外部种群多样性维护与 NcellDE 算法类似。首先需对外部种群进行非支配排序,然后按表 7-3 中的规则对其进行维护筛选,设外部种群中秩为 1 的个体数量为 a,外部种群规模为 b。

表 7-3　外部种群多样性维护规则

序号	类别	规则
1	$a＝b$	外部种群不作处理
2	$a＞b$	基于 k 最近邻距离来修剪外部种群
3	$a＜b$	基于秩与 k 最近邻距离来修剪外部种群

(2)算法混合进化代数分配

DDEACA 算法具有两个阶段性,涉及第一阶段和第二阶段如何合理配置的问

题,即第二阶段何时开始。以第二阶段与总进化代数的比值作为控制变量 P,观察 P 对算法的性能影响和算法运行时间的影响。选取具有欺骗性和多峰的 WFG9 函数为测试函数(3 个目标,24 个决策变量)。DDEACA 算法的运行参数为:进化代数 $N=1000$,分别取缩放因子 $F=0.5$,交叉因子 $CR=0.1$,在不同的控制变量 P 下,算法运行 15 次。选取世代距离 GD、超体积 HV 性能指标对算法性能进行分析评估。实验结果如表 7-4 所示。

表 7-4　P 对算法的性能影响

P	0.9	0.8	0.7	0.6	0.5	0.4	0.3	0.2	0.1
运行时间/s	551	517	471	432	389	351	301	275	239
GD(平均值)	4.80e-3	5.20e-3	5.40e-3	5.60e-3	5.70e-3	5.90e-3	6.00e-3	6.20e-3	6.60e-3
GD(标准差)	6.685e-4	8.622e-4	9.787e-4	1.046e-3	1.100e-3	1.117e-3	1.100e-3	9.973e-4	7.124e-4
HV(平均值)	4.142e-1	4.125e-1	4.106e-1	4.089e-1	4.073e-1	4.062e-1	4.052e-1	4.038e-1	4.021e-1
HV(标准差)	3.40e-3	4.50e-3	5.50e-3	6.20e-3	6.40e-3	6.50e-3	6.20e-3	5.40e-3	4.10e-3

由表 7-4 的数据可知,P 值越大,即第二阶段占总进化代数时间越长,算法的超体积越大,收敛性越好。但随着 P 值的增加,算法的运行时间也相应增加。在算法能保持住多样性的前提下,算法收敛性的提高与算法第二阶段的运行最大进化代数的时间开销是矛盾的,综合考虑收敛性能和运行时间开销两个因素,取 P 值为 0.3,即最大进化代数的前 0.7 代为第一阶段,后 0.3 代为第二阶段。

7.1.2　实验参数设置

在 WFG 系列问题上,将 DDEACA 算法同 NSGA-Ⅱ、SPEA2、CellDE、NCellDE 四种算法进行对比,考虑到运行时间等情况,其参数设置如表 7-5 所示。

表 7-5　实验参数设置表

测试函数	目标数	决策变量数	种群规模	最大进化代数
WFG1	3	24	120	1200
WFG2、WFG3	3	24	100	600
WFG4~WFG9	3	24	100	1200

NSGA-Ⅱ、SPEA2 采用模拟二进制交叉,多项式变异,交叉概率为 0.9,变异概率为 $1/v$(v 为变量的个数)。在 CellDE、NCellDE 和 DDEACA 算法中,$F=0.5$,$CR=0.1$。每种算法独自运行 50 次。

7.2 基准函数测试

7.2.1 算法性能测试及分析

表 7-6 和表 7-7 分别给出了四种算法关于 GD、HV 性能指标的统计结果(各个指标的最优值用灰色背景及加粗字体表示,次优值用加粗字体表示)。表 7-8 和表 7-9 是 DDEACA 算法分别与其他三种算法两两之间的 Mann-Whitney 检验结果。原假设为性能指标的均值相等,显著性水平为 0.05。

表 7-6   收敛性指标 GD

测试函数	统计指标	NSGA-Ⅱ	SPEA2	CellDE	DDEACA
WFG1	平均值	**1.078e-1**	**1.057e-1**	1.249e-1	1.19e-1
	标准差	2.1e-3	2.8e-3	1.7e-3	1.7e-3
WFG2	平均值	**2.3e-3**	**1.9e-3**	2.5e-3	**1.9e-3**
	标准差	3.8e-4	2.7e-4	3.1e-4	2.3e-4
WFG3	平均值	1.4e-3	1.0e-3	**5.11e-4**	**3.4e-4**
	标准差	3.1e-4	2.1e-4	1.5e-4	3.0e-4
WFG4	平均值	**5.2e-3**	7.1e-3	5.7e-3	**4.6e-3**
	标准差	5.7e-4	9.6e-4	3.0e-4	3.9e-4
WFG5	平均值	**7.2e-3**	**7.0e-3**	7.9e-3	7.3e-3
	标准差	6.3e-5	3.0e-5	5.4e-4	2.6e-4
WFG6	平均值	**1.4e-3**	1.7e-3	1.5e-3	**6.4e-4**
	标准差	2.1e-4	1.3e-4	1.4e-4	9.5e-5
WFG7	平均值	**4.7e-3**	5.8e-3	**4.6e-3**	**4.6e-3**
	标准差	5.3e-4	5.7e-4	5.6e-4	6.9e-4
WFG8	平均值	2.72e-2	2.43e-2	**1.98e-2**	**1.77e-2**
	标准差	1.7e-3	8.8e-4	7.8e-4	5.0e-4
WFG9	平均值	**5.4e-3**	**5.7e-3**	**5.7e-3**	6.0e-3
	标准差	1.2e-3	1.1e-3	7.4e-4	8.7e-4

表 7-7　超体积指标 *HV*

测试函数	统计指标	NSGA-Ⅱ	SPEA2	CellDE	DDEACA
WFG1	平均值	**5.185e-1**	**5.342e-1**	4.749e-1	4.916e-1
	标准差	9.4e-3	1.0e-2	5.0e-3	4.4e-3
WFG2	平均值	8.076e-1	8.205e-1	**9.040e-1**	**9.089e-1**
	标准差	6.6e-2	7.0e-2	2.7e-3	2.1e-3
WFG3	平均值	3.275e-1	3.305e-1	**3.328e-1**	**3.337e-1**
	标准差	1.8e-3	1.1e-3	8.6e-4	1.6e-3
WFG4	平均值	4.011e-1	4.071e-1	**4.237e-1**	**4.286e-1**
	标准差	6.2e-3	6.3e-3	2.2e-3	2.2e-3
WFG5	平均值	3.750e-1	3.957e-1	**3.963e-1**	**3.979e-1**
	标准差	4.8e-3	3.7e-3	1.7e-3	1.1e-3
WFG6	平均值	3.875e-1	4.123e-1	**4.227e-1**	**4.260e-1**
	标准差	6.2e-3	2.0e-3	8.3e-4	7.3e-4
WFG7	平均值	3.942e-1	4.078e-1	**4.252e-1**	**4.257e-1**
	标准差	6.9e-3	3.8e-3	2.5e-3	3.1e-3
WFG8	平均值	3.965e-1	4.275e-1	**4.497e-1**	**4.591e-1**
	标准差	9.6e-3	4.4e-3	3.4e-3	2.2e-3
WFG9	平均值	3.818e-1	4.011e-1	**4.097e-1**	4.053e-1
	标准差	6.9e-3	7.0e-3	4.8e-3	4.9e-3

表 7-8　*GD* 指标 Mann-Whitney 检验

测试函数	NSGA-Ⅱ	SPEA2	CellDE
WFG1	0.000	0.000	0.000
WFG2	0.000	0.802	0.000
WFG3	0.000	0.000	0.000
WFG4	0.000	0.000	0.000
WFG5	0.092	0.000	0.000
WFG6	0.000	0.000	0.000

测试函数	NSGA-Ⅱ	SPEA2	CellDE
WFG7	0.329	0.000	0.882
WFG8	0.000	0.000	0.000
WFG9	0.003	0.046	0.391

表 7-9　*HV* 指标 Mann-Whitney 检验

测试函数	NSGA-Ⅱ	SPEA2	CellDE
WFG1	0.000	0.000	0.000
WFG2	0.000	0.000	0.000
WFG3	0.000	0.000	0.000
WFG4	0.000	0.000	0.000
WFG5	0.000	0.008	0.000
WFG6	0.000	0.000	0.000
WFG7	0.000	0.000	0.344
WFG8	0.000	0.000	0.000
WFG9	0.000	0.012	0.002

　　由表 7-6 的收敛性指标可知，DDEACA 算法在 WFG2～WFG4 及 WFG6～WFG8 函数上收敛性取得了最优值，在 WFG1、WFG5 和 WFG9 函数上收敛性未获得最优值。由表 7-8 可知，DDEACA 算法与其他三种对比算法在收敛性指标上存在显著差异。图 7-3 和图 7-4 分别给出了四种算法在 WFG1、WFG2 问题上获得的 Pareto 前端。DDEACA 算法中的 P 值会影响算法的收敛性，当 $P=0.3$ 时，DDEACA 算法在 WFG1 的收敛性不如 NSGA-Ⅱ 和 SPEA2，但 DDEACA 算法获得的前端的多样性比较好。WFG1 问题的 Pareto 最优前端由凹凸的曲面构成，DDEACA 算法获得的 Pareto 前端与 Pareto 最优前端有很好的一致性，而其他算法无法完全搜索出所有的凹面和凸面。另外，图 7-4 也证明了 DDEACA 算法能在求解时较好地保持前端多样性。WFG2 的 Pareto 最优前端由断开的凹面构成，与其他算法相比，DDEACA 算法获得的前端能较好地逼近所有凹面。

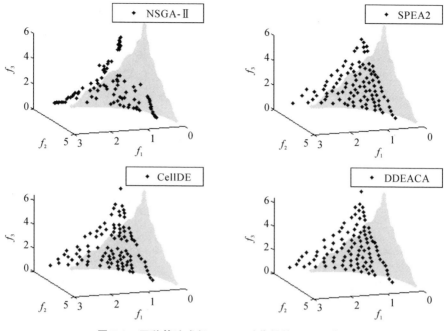

图 7-3　四种算法求解 WFG1 时获得的 Pareto 前端

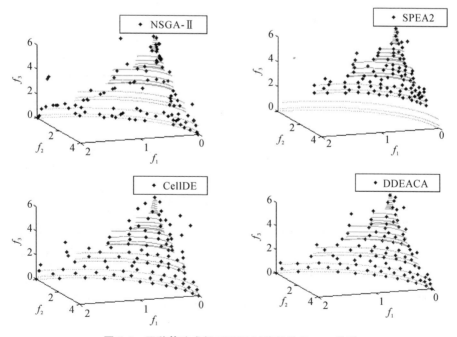

图 7-4　四种算法求解 WFG2 时获得的 Pareto 前端

　　由表 7-7 的超体积指标可知,DDEACA 算法在 WFG2～WFG8 函数上 HV 取得了最优值。由表 7-9 可知,除了 WFG7 函数问题外,DDEACA 算法与其他对比算法在 HV 指标上存在显著差异。在 WFG5 问题上,尽管 DDEACA 算法的收敛性略逊色于 NSGA-Ⅱ 和 SPEA2,但是 DDEACA 算法获得的前端多样性较好,其 HV 值优于 NSGA-Ⅱ 和 SPEA2。图 7-5 给出了四种算法在 WFG5 问题上获得的 Pareto 前端,由图可知,DDEACA 算法获得的 Pareto 前端分布均匀性要优于 NSGA-Ⅱ 和 SPEA2。这也进一步证明了 DDEACA 算法对外部种群多样性维护方法的有效性。

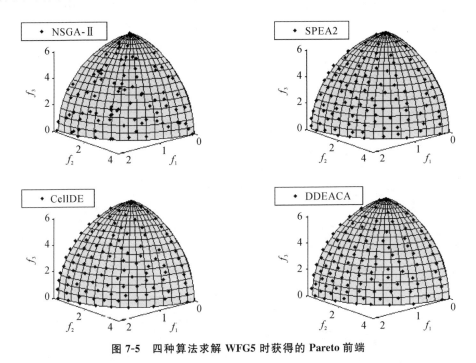

图 7-5　四种算法求解 WFG5 时获得的 Pareto 前端

7.2.2　WFG 问题性能指标统计分析

　　图 7-6 和图 7-7 为四种算法在 WFG 问题上的性能指标统计盒图。在收敛性指标分布上,DDEACA 算法在 WFG3、WFG5 和 WFG7 中出现了超过两个异常值,在这些问题上,DDEACA 算法的稳定性稍差些,而在其余测试问题上,DDEACA 算法具有较好的稳定性。

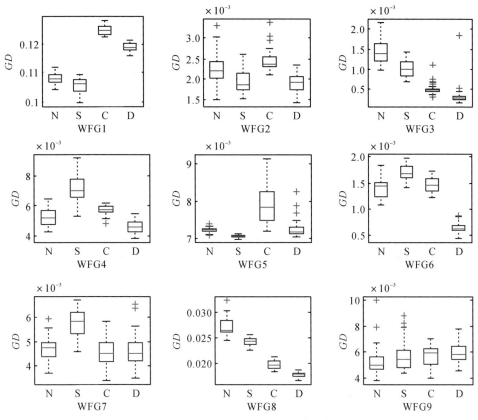

图 7-6　WFG 问题收敛性指标统计盒

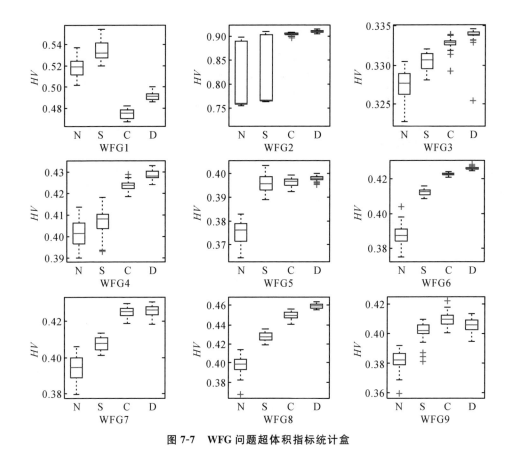

图 7-7   WFG 问题超体积指标统计盒

7.3   基于 DDEACA 算法的大型混合作业车间布局多目标优化

7.3.1   大型混合作业车间布局多目标函数

大型混合作业车间布局拓扑示意如图 7-8 所示。一般来说,其作业单位主要包含离散作业设备、流水作业设备和特殊作业设备。

(1)物料搬运成本最小

$$\min F_1 = \sum_{i=1}^{n-1} \sum_{j=i+1}^{n} c_{ij} f_{ij} d_{ij} \tag{7-1}$$

式中,n 为布局的作业单元数目,c_{ij} 为作业单元 i 到作业单元 j 的物料搬运成本,f_{ij} 为作业单元 i 到作业单元 j 的总物料搬运件数,d_{ij} 为作业单元 i 到作业单元 j 的物料搬运距离。

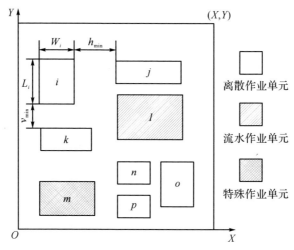

图 7-8　车间布局拓扑示意

（2）作业单元移动成本最小

$$\min F_2 = \sum_{i=1}^{n} d_{io} m_i \tag{7-2}$$

式中，d_{io} 表示作业单元 i 前后移动的曼哈顿距离，m_i 表示作业单元 i 的移动成本。

（3）作业单元包络矩形面积最小

$$\min F_3 = L \times W \tag{7-3}$$

式中，L 为包络所有作业单元矩形的长度，W 为包络所有作业单元矩形的宽度。

（4）作业单元非物流关系最大化

最大化优化目标可以转换成最小化优化目标，故

$$\min F_4 = Z - \sum_{i=1}^{n-1} \sum_{j=i+1}^{n} a_{ij} b_{ij} \tag{7-4}$$

式中，Z 是一个较大的数，保证 F_4 为正数即可。a_{ij} 为作业单元间的非物流关系邻接度值，如表 7-10 所示；b_{ij} 为作业单元间的非物流关系邻接度因子，如表 7-11 所示；d_{ij_max} 为两个作业单元间的最大曼哈顿距离。

表 7-10　作业单元间的非物流关系邻接度值

邻接度等级	符号	邻接度值 a_{ij}
绝对必要	A	5
特别重要	E	4
重要	I	3

邻接度等级	符号	邻接度值 a_{ij}
一般	O	2
不重要	U	1
不希望靠近	X	0

表 7-11　作业单元间的非物流关系邻接度因子

作业单元间距 d_{ij}	邻接度因子 b_{ij}
$(0, d_{ij\_\max}/6]$	1.0
$(d_{ij\_\max}/6, d_{ij\_\max}/3]$	0.8
$(d_{ij\_\max}/3, d_{ij} \leqslant d_{ij\_\max}/2]$	0.6
$(d_{ij\_\max}/2 < d_{ij} \leqslant 2d_{ij\_\max}/3]$	0.4
$(2d_{ij\_\max}/3, 5d_{ij\_\max}/6]$	0.2
$(5d_{ij\_\max}/6, \infty)$	0

考虑到第一个优化目标和第二个优化目标单位一致,因此,上述四个目标可转化为三个优化目标[78],即

$$
\begin{cases}
\min f_1 = F_1 + F_2 = \displaystyle\sum_{i=1}^{n-1} \sum_{j=i+1}^{n} c_{ij} f_{ij} d_{ij} + \sum_{i=1}^{n} d_{io} m_i \\
\min f_2 = F_3 = L \times W \\
\min f_3 = Z - \displaystyle\sum_{i=1}^{n-1} \sum_{j=i+1}^{n} a_{ij} b_{ij}
\end{cases}
\tag{7-5}
$$

7.3.2　大型混合作业车间约束分析

假设车间大小 $x \in [0, X]$, $y \in [0, Y]$; L_i, W_i 为设备 i 的长度和宽度;作业单元水平方向(沿 x 轴方向)的最小间距为 $h_{\min}$,垂直方向(沿 y 轴方向)的最小间距为 $v_{\min}$。引入决策变量 $i, i = 1, 2, 3, \cdots, n$。

$$
P_i(x, y) = \begin{cases}
1, \text{设备 } i \text{ 被布置在}(x, y)\text{处} \\
0, \text{设备 } i \text{ 未被布置在}(x, y)\text{处}
\end{cases}
\tag{7-6}
$$

其约束条件主要为几何约束,即任意两台设备互不重叠、没有干涉现象,且任何设备布局范围不能超过给定车间尺寸。主要约束条件如下。

(1)每台设备只能被布置一次且仅有一次。

$$
\int_{(0,0)}^{(X,Y)} P_i(x, y) = 1
\tag{7-7}
$$

(2)任意两台设备没有干涉现象发生,即没有重叠布置。

$$\max\left\{\left|\left(x_j-\frac{W_j}{2}\right)-\left(x_i+\frac{W_i}{2}\right)\right|,\left|\left(x_i-\frac{W_i}{2}\right)-\left(x_j+\frac{W_j}{2}\right)\right|\right\}\geqslant D_x(i,j)$$

$$(7\text{-}8)$$

$$\max\left\{\left|\left(y_j-\frac{L_j}{2}\right)-\left(y_i+\frac{L_i}{2}\right)\right|,\left|\left(y_i-\frac{L_i}{2}\right)-\left(y_j+\frac{L_j}{2}\right)\right|\right\}\geqslant D_y(i,j)\quad(7\text{-}9)$$

$$D_x(i,j)\geqslant\min\{[K_x(i)+B_x(i)],[K_x(j)+B_x(j)]\} \tag{7-10}$$

$$D_y(i,j)\geqslant\min\{[K_y(i)+B_y(i)],[K_y(j)+B_y(j)]\} \tag{7-11}$$

式中，$D_x(i,j)$，$D_y(i,j)$ 为布局中相邻作业单位 i 在 x，y 方向必须保留的间隔；$K_x(i,j)$，$K_y(i,j)$ 为设备 i 操作人员在 x，y 方向的作业区域；$B_x(i)$，$B_y(i)$ 为设备 i 加工产品所需要的在制品库存数量在 x，y 方向的存放区域。

（3）边界约束。任意一台设备不能超出给定的车间区域。

$$\begin{cases}x_i-\dfrac{W_i}{2}\geqslant0\ \text{且}\ x_i+\dfrac{W_i}{2}\leqslant X\\[2mm]y_i-\dfrac{L_i}{2}\geqslant0\ \text{且}\ y_i+\dfrac{L_i}{2}\leqslant Y\end{cases} \tag{7-12}$$

（4）间距约束。任意两个设备在 X 轴方向或者 Y 轴方向上至少有一个方向保留一定间距，即满足式（7-13）和式（7-14）中的一个即可。

$$|x_i-x_j|\geqslant\frac{L_i+L_j}{2}+h_{\min} \tag{7-13}$$

$$|y_i-y_j|\geqslant\frac{W_i+W_j}{2}+v_{\min} \tag{7-14}$$

（5）对于流水作业设备，先进行整体布局，然后根据流水作业工艺流程和布局目标函数再次布局，直至流水作业的每个工位。

（6）特殊作业设备主要指对作业环境有较高要求的设备或者本体尺寸、质量及安装条件比较特殊的设备，其具体约束指标应根据实际情况予以确定。

7.3.3　大型混合作业车间实例基本情况

A 公司吸尘器车间的总尺寸为 $160\text{m}\times60\text{m}$。车间内有注塑区域、原材料配送区域、电机组装区域、喷漆区域、丝印区域、烘干区域、手柄预装区域、地刷预装区域、尘杯预装区域、半成品区域、总装区域等共 11 个功能单元区域。作业单元的原始布局如图 7-9 所示。现对原有的布局方案进行改善优化。4 号单元为喷漆单元，对其位置进行固定。矩阵 c、f 分别表示作业单元之间的单位物料搬运成本（$1=0.1$ 元/m×标准箱数）及物流量（单位:100 标准箱）。根据车间实际情况，须满足下列条件之一:作业单元之间水平距离 $h_{\min}=2.5\text{m}$，垂直距离 $v_{\min}=2.5\text{m}$。

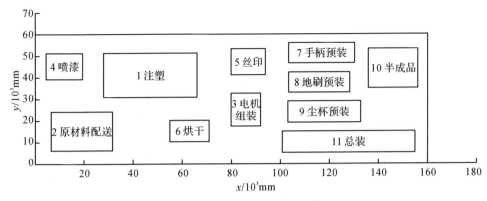

图 7-9   作业单元原始布局

运用基于生产流程分析法的作业单元划分方法进行作业单元的重新划分和单元内部设备的数量的确定,且单元的划分工作已经完成。各作业单元的相关说明如下。

(1) 注塑单元(U1)

注塑单元主要生产 A 公司产品的注塑件,注塑单元内的注塑机功能相同,都可以完成注塑件的生产。注塑单元采用机群布局形式如图 7-10 所示。

图 7-10   注塑单元布局

注塑车间注塑机在车间内的排列呈块状分布,注塑机在注塑车间内被分为九大块,将其具体排列简化后,注塑车间内物料和模具的现状如图 7-11 所示。

(2) 原材料配送单元(U2)

原材料配送单元主要用于零部件的暂存,包括自制件、外协件和外购件等 200 多种零部件。

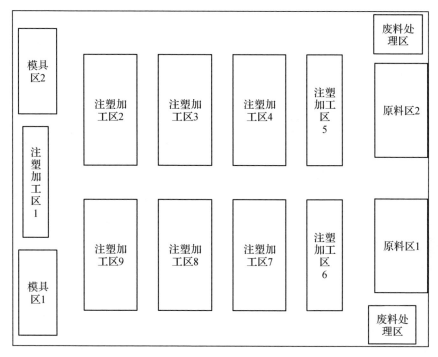

图 7-11　注塑单元现状

（3）电机组装单元（U3）

电机是 A 公司产品中非常重要的一部分，并且所有产品的电机比较相似，差异较少。电机组装单元和丝印单元类似，单元内部有由 5～8 个工位组成的小单元，每个小单元可以完成单机所有的生产流程，因此电机组装单元采用以电机小单元为单位的成组布局形式。

（4）喷漆单元（U4）

喷漆单元主要根据需求对各类塑件进行上色。喷漆单元不仅需要注意防止明火，还要尽可能降低有毒物质挥发，因此需将喷漆作业单元封闭在相对独立的作业空间内，并尽可能使其通风良好。

（5）丝印单元（U5）

丝印单元主要是将一些客户需要或产品本身应有的图案印在注塑件上。丝印单元一般由多丝印小单元组成。

（6）烘干单元（U6）

烘干单元将丝印或喷漆的表面图案进行自然风干或烘干。

（7）手柄预装单元（U7）

手柄预装单元主要对吸尘器的手柄进行装配，一般由单个工位完成作业。装配好的手柄一般直接送往总装单元或者送往半成品库入库。手柄预装单元一般采用机群单元布局形式。

（8）地刷预装单元（U8）

地刷预装单元主要负责吸尘器的地刷装配，装配好的地刷一般直接送往总装单元或者送往半成品库入库。地刷预装单元不仅与总装单元存在物流关系，而且内部也存在与各种地刷小件加工工位的物流关系。地刷预装单元采用成组单元布局形式。

（9）尘杯预装单元（U9）

尘杯预装单元主要负责吸尘器的尘杯装配，装配好的尘杯一般直接送往总装单元或者送往半成品库入库。尘杯预装单元不仅与总装单元存在物流关系，而且内部也存在与各种尘杯小件加工工位的物流关系。尘杯预装单元采用成组单元布局形式。

（10）半成品单元（U10）

半成品库内主要存放预装好的手柄、地刷和尘杯等半成品。事先预装的手柄、地刷等部件会先在半成品库入库，等需要的时候再运送至总装单元。半成品单元为辅助单元。

（11）总装单元（U11）

总装区域是将吸尘器进行最后的总装，以装配线为主，典型产品（Ⅰ系列）总装如表 7-12 所示。

表 7-12　总装单元工位

工位号	工位名称	工位内容
A1	开关座安装	灯罩、开关、线路板装开关座，导线插入开关
A2	后机身开关座连接	导线穿过导线孔并插入开关，开关座装入开关
A3	导线连接	导线对齐拧麻花状并夹帽固定
A4	导线固定	导线、夹帽卡入槽内，扎扎带
A5	前机身安装	尘杯扣套弹簧，密封圈轴装入密封圈，尘杯扣
A6	前机身装配	导线穿导线孔，卡入卡扣，地刷卡环装前机身固定
A7	后机身装配	定位圈装后机身，将前后机身固定
A8	电机安装	电机导线拧一起，夹帽固定卡入槽内
A9	电机罩前盖安装	打胶水，标志装入，出风堵头装入相应位置
A10	电机上罩安装	放入电机，防震圈放入电机，电机上罩放入下罩
A11	电源按钮及安装	电源按钮盒尘杯释放按钮套上弹簧并放入开关座

工位号	工位名称	工位内容
A12	地刷与整机安装	地刷与主机上的插脚对接并装入后机身并固定
A13	风量测试	整机风量测试
A14	地刷测试	整机地刷测试
A15	整机检验	根据检验要求进行整机检验
A16	包装	套袋并装箱

7.3.4　实例模型基本假设及相关数据

以 A 公司的大型混合作业车间作为研究对象,问题假设如表 7-13 所示。

表 7-13　大型混合作业车间问题假设

序号	大型混合作业车间布局假设
1	整个生产周期包括 S 个生产阶段,各阶段涉及的产品产量等数据不等
2	作业单元面积已定,形状规则且摆放的方向已定
3	S 个阶段的生产计划已定,且各计划期内的生产时间没有交叉
4	各个产品的工艺路线已定
5	作业单元间的单位物料产生的单位物料搬运成本相同
6	各作业单元布局不涉及作业单元内部布局,作业单元内部布局由二次布局完成

各作业单元的相关信息如表 7-14 所示,矩阵 c、f 分别表示作业单元之间的单位物料搬运成本及物流量,作业单元之间的非物流邻接度如表 7-15 所示。

表 7-14　各个作业单元的相关信息

单元编号	1	2	3	4	5	6	7	8	9	10	11
长度/m	38	25	12	15	14	16	27	25	30	20	54
宽度/m	20	18	15	12	12	10	9	9	10	18	10
初始横坐标/m	47	19	86	12	87	63	117	116	118	146	128
初始纵坐标/m	41	15	25	45	47	15	51	37.5	24	44	10
单元拆卸成本/元	12000	1000	6500	15000	5500	3000	7500	8000	8500	1000	16000
单元安装成本/元	15000	1200	8000	19000	7500	3000	8500	9500	11000	1200	19000
单元搬运成本/(m·元)	3200	1300	560	3200	1800	1900	80	780	1600	900	1300

$$c=\begin{bmatrix} 0 & 0.8 & 0.5 & 0.7 & 0.7 & 0.6 & 1.1 & 1.1 & 1.2 & 0.7 & 0.8 \\ 0.8 & 0 & 0.8 & 0.8 & 0.8 & 1 & 0.9 & 0.8 & 1 & 0.5 & 1.1 \\ 0.5 & 0.8 & 0 & 1.2 & 0.8 & 0.7 & 0.8 & 0.9 & 0.8 & 0.9 & 0.9 \\ 0.7 & 0.8 & 1.2 & 0 & 0.9 & 0.8 & 0.7 & 1.1 & 0.6 & 0.8 & 0.8 \\ 0.7 & 0.8 & 0.8 & 0.9 & 0 & 0.8 & 0.9 & 0.6 & 1.3 & 0.7 & 0.6 \\ 0.6 & 1 & 0.7 & 0.8 & 0.8 & 0 & 0.4 & 0.8 & 1.2 & 0.6 & 0.8 \\ 1.1 & 0.9 & 0.8 & 0.7 & 0.9 & 0.4 & 0 & 0.8 & 0.7 & 1.2 & 0.8 \\ 1.1 & 0.8 & 0.9 & 1.1 & 0.6 & 0.8 & 0.8 & 0 & 1.2 & 1 & 1.2 \\ 1.2 & 1 & 0.8 & 0.6 & 1.3 & 1.2 & 0.7 & 1.2 & 0 & 1.3 & 0.9 \\ 0.7 & 0.5 & 0.9 & 0.8 & 0.7 & 0.6 & 1.2 & 1 & 1.3 & 0 & 1.3 \\ 0.8 & 1.1 & 0.9 & 0.8 & 0.6 & 0.8 & 0.8 & 1.2 & 0.9 & 1.3 & 0 \end{bmatrix}$$

$$f=\begin{bmatrix} 0 & 440 & 0 & 40 & 20 & 0 & 0 & 0 & 0 & 0 & 0 \\ 440 & 0 & 120 & 0 & 0 & 60 & 100 & 200 & 100 & 0 & 200 \\ 0 & 120 & 0 & 0 & 0 & 0 & 0 & 0 & 0 & 0 & 20 \\ 40 & 0 & 0 & 0 & 0 & 40 & 0 & 0 & 0 & 0 & 0 \\ 20 & 0 & 0 & 0 & 0 & 20 & 0 & 0 & 0 & 0 & 0 \\ 0 & 60 & 0 & 40 & 20 & 0 & 0 & 0 & 0 & 0 & 0 \\ 0 & 100 & 0 & 0 & 0 & 0 & 0 & 0 & 0 & 20 & 0 \\ 0 & 200 & 0 & 0 & 0 & 0 & 0 & 0 & 0 & 20 & 0 \\ 0 & 100 & 0 & 0 & 0 & 0 & 0 & 0 & 0 & 20 & 0 \\ 0 & 0 & 0 & 0 & 0 & 0 & 20 & 20 & 20 & 0 & 60 \\ 0 & 200 & 20 & 0 & 0 & 0 & 0 & 0 & 0 & 60 & 0 \end{bmatrix}$$

表 7-15　作业单元之间的非物流邻接度

单元编号	1	2	3	4	5	6	7	8	9	10	11
1	—	O	U	O	O	U	U	U	U	U	U
2	O	—	O	X	U	U	O	O	O	U	O
3	U	O	—	X	U	U	U	U	U	U	O
4	O	X	X	—	X	A	X	X	X	X	X
5	O	U	U	X	—	E	U	U	U	U	U
6	U	U	U	A	E	—	U	U	U	U	U
7	U	O	U	X	U	U	—	O	O	I	U
8	U	O	U	X	U	U	O	—	O	I	O

续表

单元编号	1	2	3	4	5	6	7	8	9	10	11
9	U	O	U	X	U	U	O	O	—	I	O
10	U	U	U	X	U	U	I	I	I	—	E
11	U	O	O	X	U	U	U	O	O	E	—

模型约束条件。

(1)根据式(7-7),结合 A 公司车间实际情况得：

$$\int_{(0,0)}^{(160,60)} P_i(x,y) = 1, i = 1,2,3,\cdots,11$$

(2)根据式(7-8)~式(7-11),任意两台设备没有干涉现象发生。

(3)根据式(7-12),各个作业单元在车间布局时,不能超出车间。

$$x_i - \frac{L_i}{2} \geqslant 0 \text{ 且 } x_i + \frac{L_i}{2} \leqslant 160$$

$$y_i - \frac{W_i}{2} \geqslant 0 \text{ 且 } y_i + \frac{W_i}{2} \leqslant 60$$

(4)间距约束。根据式(7-13)和式(7-14),可得：

$$|x_i - x_j| \geqslant \frac{L_i + L_j}{2} + 2.5$$

$$|y_i - y_j| \geqslant \frac{W_i + W_j}{2} + 2.5$$

(5)每个作业单元产生的在制品数量需小于作业单元能容纳的数量。

(6)喷漆单元作为特殊作业单元,须靠近通风处。考虑现有硬件设施,在布局时对喷漆单元进行预置。喷漆单元的预定位置 P_s 为：

$$P_s = \{(x_i, y_i) \mid x_i = x_s = 12, y_i = y_s = 45\}$$

(7)当两个作业单元之间无其他障碍单元时,采用曼哈顿距离来表示两个作业单元之间的物料搬运距离比较符合实际情况。当作业单元之间有其他作业单元挡道时,采用修正的曼哈顿距离。

(8)若外部环境扰动超过某一数量时,则启动车间布局重新优化。

$$f_{ed}(t) = \begin{cases} 1, ed \geqslant a \\ 0, ed < a \end{cases}$$

式中,a 为外界环境扰动率；根据企业实际情况,如 a 为 0.25,即当外部环境(如产品品种、数量变更及生产设备更新等)达到 25% 时须进行车间重新布局工作。

7.3.5　基于 DDEACA 算法的作业单元布局主要优化步骤

(1)随机生成初始种群

采用实数制编码生成初始种群。将编码设计为$[(U_1,\cdots,U_n),(x_1,\cdots,x_n),$
$(y_1,\cdots,y_n)]$。其中U_n表示第n个作业单元。x_n和y_n表示第n个作业单元的坐标。$(U_1,\cdots,U_n)$是n个作业单元的全排列。

(2)选择父本

从每个当前个体的邻居中通过二元锦标赛选出两个较优秀的个体,将它们与当前个体共同作为父本。

(3)变异交叉

对作业单元编号$(U_1,\cdots,U_n)$执行换位变异,即随机选择两个作业单元编号的序号,并交换这两个序号对应的编号。对$(x_1,\cdots,x_n),(y_1,\cdots,y_n)$进行差分变异交叉操作。下面给出$x$坐标和$y$坐标的变异交叉操作的伪代码,如表 7-16 所示。

表 7-16　x坐标和y坐标的变异交叉操作的伪代码

x坐标和y坐标的变异交叉操作的伪代码
for(j=n+1,j<=3n,j=j+1)
if(rand(1)<=CR or j=rand$_i$)
$v_{r1[j].G}=\begin{cases} V_{r1[j].G}+F(V_{r2[j].G}-V_{r3[j].G}),abs(V_{r2[j].G}-V_{r3[j].G})\geqslant0.5 \\ V_{r1[j].G}+(2rand(1)-1)S,otherwise \end{cases};$
//rand$_i\in[n+1,3n]$
//G 为当前进化代数,S=0.01$(V_{r1[j]-u}-V_{r1[j]-1})$
else
$u_{r1[j].G}=\begin{cases} v_{r1[j].G} \\ V_{r1[j].G} \end{cases};$
end if
end for

(4)子代评估

如果是进化过程的第一阶段,若子代支配当前个体,则将其替换当前个体(a 替换方案),同时将子代存入外部种群;若子代与当前个体互不支配,则尝试剔除当前个体所在 Moore 型邻居结构中(含子代)的最差者(b 替换方案),并将子代存入外部种群。如果是进化过程的第二阶段,若子代不被三个父本所支配,则尝试将子代存入外部种群。一旦外部种群的非支配个体数量超过了外部种群规模,根据k最近邻距离立即对其进行修剪。

（5）种群更新

重复步骤（2）与步骤（4），直到完成最后一个个体的进化。若是进化过程的第一阶段，那么在每代进化结束后，根据秩与 k 最近邻距离对外部种群的个体进行排序，剔除超过种群规模的个体。将整个外部种群中的个体作为下一次进化的种群，并将其随机分布到二维环形网格中，继续进化。若是进化过程的第二阶段，下一代进化时从整个外部种群来选择每个个体的父本（等效于将元胞种群结构中的个体的邻居范围扩充至整个种群），继续进化直至满足进化的终止条件。

7.3.6　实例求解及结果分析

分别采用 CellDE 算法、NCellDE 算法和 DDEACA 算法对车间布局进行优化。算法参数：种群数量为 100，外部文档为 100，最大进化代数为 2500 代，$F=0.6$，$CR=0.6$。上述算法分别独自运行 15 次。图 7-12 至图 7-14 分别描述了 CellDE 算法、NCellDE 算法和 DDEACA 算法获得的最终的非支配解的 Pareto 前端。由图可知，NCellDE 算法和 DDEACA 算法获得的非支配解要多于 CellDE 算法，这表明NCellDE 算法和 DDEACA 算法的多样性要优于 CellDE 算法。

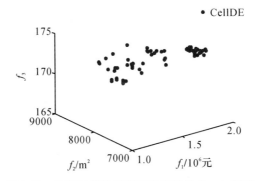

图 7-12　CellDE 算法获得非支配解的 Pareto 前端

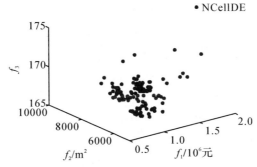

图 7-13　NCellDE 算法获得非支配解的 Pareto 前端

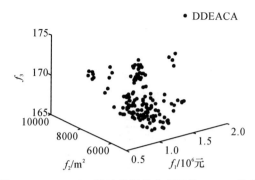

图 7-14   DDEACA 算法获得非支配解的 Pareto 前端

　　该优化问题是个 NP 困难问题,很难找到最优解集。为了展示方便,分别从 CellDE 算法、NCellDE 算法和 DDEACA 算法获得的最终的非支配解中根据秩与 k 最近邻距离提取 30 个支配解。图 7-15 描述了这些非支配解及原始布局对应的 Pareto 前端。

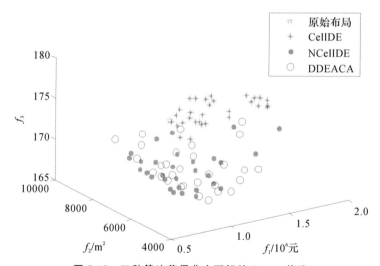

图 7-15   三种算法获得非支配解的 Pareto 前端

　　图 7-16 给出了优化问题的双目标 Pareto 前端。从图中可以看到,DDEACA 算法获得的 Pareto 前端要比 NCellDE 算法获得的 Pareto 前端更靠近两个坐标轴,这表明 DDEACA 算法的收敛性要好于 NCellDE 算法。

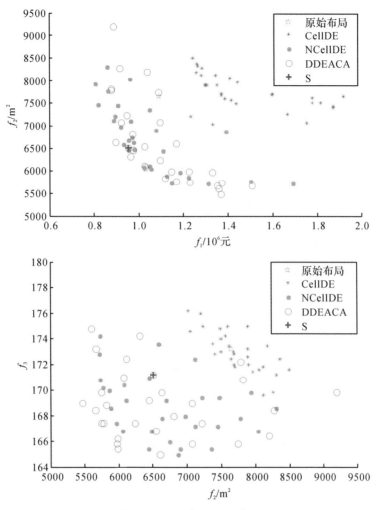

图 7-16　双目标 Pareto 前端

　　由上可知，DDEACA 算法在多样性和收敛性上都要优于 CellDE 算法。从 DDEACA 算法获得的 30 个非支配解中，提取出三个优化目标都优于原始布局的解（如用 S 标示的解）。由于这是一个多目标优化问题，即三个分目标无法同时达到最优。从图 7-16 可以看出，S 的成本（f_1）和非物流关系（f_3）都比较好，而 S 的作业单元的包络面积（f_2）比较大。图 7-17 是与 S 对应的布局方案，可以发现，原材料配送区域 2、电机组装区域 3、半成品区域 10 离总装区域 11 都很近，这有利于吸尘器的总装。4 号喷漆单元与 5 号丝印单元离 6 号烘干区域较近，这兼顾了这些单元间的工艺联系，体现了非物流关系的最大化。表 7-17 给出了 S 对应解的具体信息。由表可知，优化后的布局方案的三个分目标都优于原始布局。

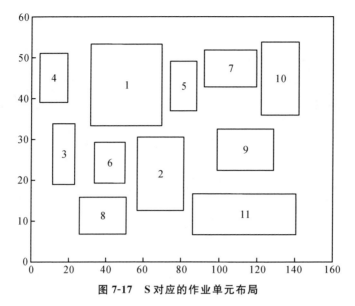

图 7-17　S 对应的作业单元布局

表 7-17　S 对应的作业单元布局

解	单元位置	f_1/元	f_2/m^2	f_3
原始布局	—	1092480.32	7650.75	173.20
S	1(50.72,43.24),2(69.30,21.51),3(17.51,26.32) 4(12,45),5(81.36,42.98),6(42.28,24.21) 7(105.96,47.26),8(38.58,11.19),9(113.81,27.42) 10(132.24,44.80),11(113.60,11.49)	953660.14	6515.37	171.20

7.4　本章小结

　　本章基于将智能体机制引入元胞种群并采用两阶段的外部种群多样性维护,将扰动因子引入变异操作避免陷入局部最优,提出了一种外部种群充分引导的 DDEACA 算法。邻居结构和外部种群个体的变化可以调节算法的选择压力,能较好地实现算法全局探索和局部寻优的平衡;第二阶段外部种群保留非支配个体可以减少算法对外部种群的维护时间开销。本章用 WFG 系列函数对算法进行测试和分析,验证了 DDEACA 算法的有效性,较好地兼顾了全局搜索和局部寻优之间的协同问题,获得了更好的 Pareto 前端和竞争性的收敛结果,并对车间布局实例进行了建模和求解。

第 8 章
基于 MATLAB 图形用户界面的多目标优化算法实现

MATLAB 具有强大的科学运算、灵活的程序设计流程等特点，还具备高质量的图形可视化与界面设计。当需要对大量数据进行各种运算和处理，以及简化运行操作、提升操作效率时，利用 MATLAB 中的图形用户界面（Graphical User Interface，GUI）进行程序编写是一个很好的选择。本章从用户登录、算法选择及测试等方面，介绍了利用 MATLAB GUI 实现软件主框架的构建，并结合算法实例给出了其应用的大致流程。

8.1　MATLAB 软件图形用户界面简介

8.1.1　GUI 概述

MATLAB 是 Matrix Laboratory（矩阵实验室）的缩写，是一种高性能的工程计算语言，是以线性代数软件包（LINPACK）和特征值计算软件包（EISPACK）中的子程序为基础发展起来的一种开放式程序设计语言，其基本的数据单位是没有维数限制的矩阵。此软件主要面对科学计算、可视化程序设计及开发的高科技计算环境。

图形用户界面是用户与计算机进行信息交流的方式，计算机在屏幕中显示图形和文本。用户通过输入设备与计算机进行通信，设定了如何观看和感知计算机、操作系统或应用程序。GUI 的构成单元有窗口、菜单、图标、光标、按键、对话框和文本等各种图形对象。

在 MATLAB 中，GUI 是包含多种对象的图形窗口。MATLAB 为 GUI 开发提供一个方便高效的集成开发环境 GUIDE[79]。GUIDE 主要是一个界面设计工具集，MATLAB 将所有 GUI 支持的空间都集成在了这个环境中，并且提供界面外观、属性和行为响应方式的设置方法，使用户可以随意根据自己构思的想法进行界面的操作和美化，达到最好的效果。GUIDE 将设计好的 GUI 保存在一个 FIG 文件中，同时生成 M 文件框架。

FIG 文件包括 GUI 图形窗口、所有后裔的完全描述和所有对象的属性值。FIG 文件是一个二进制文件，调用命令 hgsave 或选择界面设计编织器"文件"菜单下的"保存"选项,保存图形窗口时生成该文件。FIG 文件包含序列化的图形窗口对象,在打开 GUI 时,MATLAB 能够通过读取 FIG 文件重新构造图形窗口以及其所有后裔。需要注意的是,所有对象的属性都被设置为图形窗口创建时保存的设置。M 文件包括 GUI 设计、控制函数和定义为子函数的用户控件回调函数,主要用于控制 GUI 展开时的各种特征。M 文件可以分为 GUI 初始化和回调函数两部分,回调函数根据交互行为进行调用。句柄和回调函数是 GUI 设计过程中的核心内容。句柄可以理解为一种特殊的指针,用以指向 Figure 以及 GUI 中的功能按钮图形,每个功能按钮都有自己的句柄,设计师可以精准地对每个控件进行操作。在对控件进行操作时,MATLAB 后台能自动调用它名下的回调(call-back)函数,故在 GUI 中,如果想要让某个功能按钮实现目标操作,就需要在其回调函数中编写相应的程序。

GUI 的广泛应用是当今计算机发展的重大成就之一,极大地方便了非专业用户的使用,人们从此不再需要死记硬背大量的命令,只需通过窗口、菜单、按键等方式方便地操作。GUI 可用于手机移动通信产品、电脑操作平台、软件产品、数码产品、车载系统产品、智能家电产品、游戏产品、产品在线推广等领域。

8.1.2   GUI 设计应用准则

GUI 采用图形手段来显示人与计算机之间的交互。这是对命令界面的一种发展与创新。因此结构与主题的表达方式要实现多元化,提升想象的空间,增加兼容的能力,用适宜的设计理念实现功能,增强美感。GUI 在设计的过程中应参考以下准则。

(1)一致性。一致性指一个优秀应用的界面结构必须清晰明朗,布局一致、操作流程一致、色调一致、图标(icon)风格一致、空间尺寸一致。在设计中,软件往往存在多个组成部分,不同组成部分之间的交互设计目标需要一致。

(2)指向性。指向性指通过视觉效果,带领用户进行下一步操作。GUI 设计师要替用户考虑,能够让用户很快明白如何操作你的产品,从视觉方向讲,恰当的应用文字和非干预性提示可以有效地提高指向性。

(3)简易性。简易性原则需要设计师对功能和操作进行合理分类和提炼。考虑好各个页面需要放什么内容,放多少内容,怎么摆放以及怎么操作。让用户放松,减少压迫感。

(4)美观性。美观性是 GUI 设计中不可或缺的一环,美观且合理的界面能够减少用户使用时的疲劳感,使数据分析的结果更加直观,因此必须要对 GUI 面板中的功能按钮进行合理布局。

(5)习常性。在设计的界面时候,要符合用户的日常操作习惯,了解用户习惯使用的功能,如经常见到的系统或软件都有打开、保存、退出等基本功能。这样可以使用户在使用界面时,即使不熟悉平台的使用方法,仍然可以按照平常的使用习惯进行一些基本的操作,让用户在使用过程中,能够直截了当地操作,无不适感。

8.1.3　GUI 设计思路

一个好的 GUI 能使程序更容易使用,它会提供给用户一个常见的界面,还会提供一些控件,如按钮、列表框、滑块、菜单等。用户图形界面应当易于理解,且操作时是可以预告的,所以当用户进行某一项操作时,他会知道如何去做。例如,当鼠标在按钮上单击,利用消息驱动机制,用户图形界面初始化它的操作,并且在按钮的标签上对这个操作进行描述。

创建 MATLAB 的 GUI 必须具有以下三类基本元素。

(1)组件。在 MATLAB 的 GUI 中,每一个项目(如按钮、标签、编辑框等)都是一个图形化组件。组件可以分为图形化控件(如按钮、列表框、滑动条、编辑框、复选框等)、静态元素(如窗口和文本字符串、菜单)和坐标系三类。

图形化控件和静态元素由函数 uicontrol 创建,菜单由函数 uimene 和 uicontextmenu 创建,坐标系经常用于图形化数据,由函数 axes 创建。

(2)图形窗口。GUI 的每一个组件都必须安排在图像窗口中。在画数据图像时,图像窗口通常会被自动创建,但也可以用函数 figure 来创建空白图像窗口,空图像窗口经常用于放置各种类型的组件。

(3)回应。如果用户用鼠标单击或用键盘输入一些信息,那么程序就要有相应的动作。鼠标单击或输入信息是一个事件,如果 MATLAB 程序运行相应的函数,那么 MATLAB 函数肯定会有所反应。例如,如果用户单击某一按钮,则这个事件必然导致相应的 MATLAB 语句被执行。这些相应的语句被称为回应,只要执行 GUI 的单个图形组件,就必须有一个回应。

除了以上所说的一些组件按钮之外,MATLAB 软件还为图形设计界面提供了一些简便的工具,这些工具可以方便地修改图形界面元素的各种属性,如属性检查器(Properties Inspector)、控件布置编辑器(Alignment Object)、网格标尺编织器(Grid and Ruler)、菜单编辑器(Menu Editor)、工具编辑器(Toolbar Editor)、对象浏览器(Object Browser)以及 GUI 属性编辑器(GUI Option)。

MATLAB 图形界面程序基于信息驱动的,图 8-1 简单介绍了其运行流程。

初始化图形界面。该过程是通过函数 Openfig 实现的,Openfig 函数调用与 M 文件对应的 FIG 文件来初始化图形界面。在这一过程中,还存在隐含 *.fig 的 CreatFcn 函数。但是这个过程无法使用输入函数,即要用输入参数设置图形界面元素的一些特征,还必须编写自己的初始化函数。

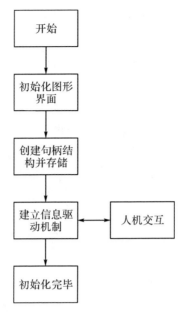

图 8-1　GUI 系统运行流程

可通过创建句柄结构来存储该图形界面所有对象的句柄,用于回调函数以及其自己编写的函数。这个过程是通过函数 guihandles 和 guidata 来实现的。只有获得了图形界面所有对象的句柄,才能有效地进行编程,因为 MATLAB 图形界面程序的基础是句柄的应用。

可在后台创立消息驱动机制,用以等待用户通过人机交互进行的操作,并作出相应的响应。

初始化程序,给出输入参数。

8.1.4　GUI 创建

MATLAB GUI 的创建共有两种方式:一种是通过编写 M 文件的方式直接完成设计;另一种就是通过 MATLAB GUIDE 来创建界面设计。在 GUIDE 创建过程中,可以打开已创建过的 GUI 或创建新的空白 GUI。后者是在空白的 GUI 基础上预置相应的功能提供用户直接使用,如图 8-2 列表框中的 GUI with Uicontrols(控制 GUI)、GUI with Axes and Menu(图像与菜单 GUI)、Modal Question Dialog(对话框 GUI),这些功能由用户自行设置,调整布局。

另外,GUI 设计时,在命令运行窗口中输入"＞＞guide"的命令,软件会弹出如图 8-2 所示的对话框。在 GUIDE 的 templates 列表中选中 Blank GUI(Default)选项,点击"确认"按钮,就可以进入如图 8-3 所示的 GUI 图形窗口,并进行界面设计。

在出现的图形窗口中布置用户所需要的组件。通过使用工具中的各个组件布局工具,用户可以添加所需要的用户控件对象,并且在其中设置所需要的属性,布局完成和存盘,所有信息被保存在相应的 FIG 文件中。

可对 GUIDE 生成的或者用户自己编写的 M 文件进行编程来实现用户界面交互功能,可简单分为以下几个部分。

(1)理解 M 文件。如果 GUI 的 M 文件是由 GUIDE 创建的,那么用户需要理解 GUIDE 创建的函数意义,从而进一步编程。

(2)管理 GUI 数据。MATLAB 提供一个句柄结构来方便地访问 GUI 中的所有组件句柄,用户还可以使用这个结构体来存储 M 文件所需的全局数据。

(3)设计交叉平台的兼容性。GUIDE 提供一个设置方法来保护用户 GUI 在不同平台上的良好外观。

(4)回调函数编程与应用。用户对象的回调函数中有一些回调函数属性,用户可以通过设置这些属性来获得所需要的操作。

(5)GUI 图形窗口行为控制。

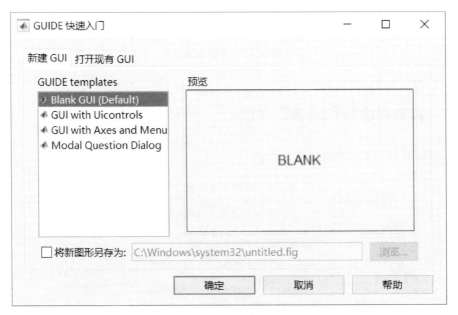

图 8-2　GUI 快速入门界面

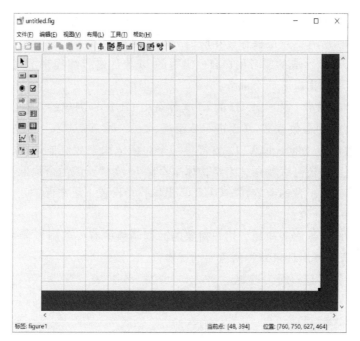

图 8-3   GUI 图形界面

8.2   算法程序及 GUI 实现程序

登录页面实现代码如表 8-1 所示。

表 8-1   登录页面实现代码

登录页面实现代码
function vararg out＝load_page(varargin) gui_Singleton＝1; gui_State＝struct('gui_Name',   mfilename, 　　　　　　　　　'gui_Singleton',gui_Singleton, 　　　　　　　　　'gui_Opening Fcn',@load_page_OpeningFcn, 　　　　　　　　　'gui_OutputFcn',@load_page_OutputFcn, 　　　　　　　　　'gui_LayoutFcn',[], 　　　　　　　　　'gui_Callback',[]);

用户名及密码验证代码如表 8-2 所示,其中 username 字段表示用户名,password 字段表示密码,当用户名和密码字段与系统设置的内容对应时,才能正常登录软件。文中软件默认的用户名和密码为 admin 和 admin123。

表 8-2　用户名及用户密码验证代码

用户名及用户密码验证代码

```
function pushbuttonl_Callback(hObject,eventdata,handles)
    h=gcf;
    username=get(handles. edit_username,'String');
    password=get(handles. edit_password,'String');

    if strcmp(username,'admin')&& strcmp(password,'admin123')
        set(handles. text_tips,'Visible','off');
        main_page
        close(h);
    else
        set(handles. text_tips,'Visible','on');
    end
```

主页面初始化代码如表 8-3 所示。

表 8-3　主页面初始化代码

主页面初始化代码

```
function varargout=main_page(varargin)
% MAIN_PAGE MATLAB code for main_page. fig
gui_Singleton=1;
gui_State=struct('gui_Name',   mfilename,
                    'gui_Singleton',gui_Singleton,
                    'gui_OpeningFcn',@main_page_OpeningFcn,
                    'gui_OutputFcn',@load_page_OutputFcn,
                    'gui_LayoutFcn',[],
                    'gui_Callback',[]);
```

以 NCellED 算法为例,由于算法入口方法 button_Callback 代码较长,故将算法入口方法代码拆分为三部分进行阐述,如表 8-4 至表 8-7 所示,

表 8-4 所示代码为算法入口方法代码的参数设置部分,其中 pop 字段表示种群数量,gen 表示进化代数,m 表示目标个数,v 表示变量个数,w 表示种群宽度,l 表示种群长度,x 和 testNum 均表示选择测试函数编号。

表 8-4　入口方法代码参数设置部分

入口方法代码参数设置部分

```
function button_Callback(hObject,eventdata,handles)
    %参数设置
    pop=str2num(get(handles. popNum,'String'));
    get=str2num(get(handles. genNum,'String'));
    m=str2num(get(handles. mNum,'String'));
```

入口方法代码参数设置部分
v＝str2num(get(handles. vNum,'String')); w＝str2num(get(handles. wNum,'String')); l＝str2num(get(handles. lNum,'String')); testNum＝get(handles. textSelect,'value')); x＝testNum;

表 8-5 所示代码为入口方法代码的避免误操作部分,该部分代码是为了避免代数设置失误,如末尾多加 0 时会导致后台负载较大。因此当进化代数大于 1000 时,需要手动确认。

表 8-5 入口方法代码的避免误操作部分

入口方法代码的避免误操作部分
if gen ＞ 1000 && get(handles. limitButton,'value')＝＝1 　　warndlg('进化代数过高! ','提示'); 　　return; end

不同测试函数适用的目标个数和变量个数不同,因此针对测试函数,需要设置合法的目标和变量数量。表 8-6 所示代码为输入变量个数和目标个数检测部分,根据所选择测试函数的编码(x 字段值)检测用户输入目标个数和变量个数是否合法。如果输入数量正确,则开始运行算法进入测试阶段,反之则会弹窗提示正确的数量范围。由于该部分代码较长,因此选取前两段检测代码供读者参考,余下部分与前两段代码类似,不再赘述。以第一段检测代码为例,该段代码检测的测试函数编号范围为 1～6,如果变量个数范围为 2～7,那么说明用户输入变量合法,可以进入测试阶段,反之则需要弹窗提示。

表 8-6 入口方法代码变量和目标个数检测部分

入口方法代码变量和目标个数检测部分
if x＞＝1 && x＜＝6 && (v＜2 ‖ v＞7) 　　warndlg('提示:合法范围为[2,7]','提示'); 　　return; elseif x＝＝7 && (v＜3 ‖ v＞23) 　　varndlg('提示:合法范围为[3,23]','提示'); 　　return; 　　%省略部分判断 end

表 8-7 所示代码为入口方法测试约束选择部分,testNum 字段编号为 0～24 的测试函数不含约束,24 之后的测试函数设置为含约束。op 表示约束标志字段,如

果 op 等于 1,表示按照不含约束的测试方式进行算法测试,如果 op 等于 0,表示含约束的测试方式进行算法测试。NCellDENC 表示不含约束的 NCellDE 算法运行方法,NCellDEC 表示含约束的 NCellDE 算法运行方法。将上文设置的算法参数输入,即可实现算法测试。

表 8-7　入口方法测试约束选择部分

入口方法测试约束选择部分

```
if testNum<=24
    %不含约束
    op=1;
    NCellDENC(pop,gen,op,m,v,w,l,testNum);
else
    %含约束
    op=2;
    NCellDEC(pop,gen,op,m,v,w,l,testNum);
end
```

8.3　GUI 界面及应用

登录界面如图 8-4 所示,只有输入正确的用户名和密码时才能够访问平台主界面,如果输入错误,则会提示错误信息,如图 8-5 所示。

图 8-4　登录界面　　　　　　　图 8-5　登录信息错误提示

当用户输入正确的用户名和密码并点击"确认登录"按钮后,系统将跳转至如图 8-6 所示的平台主界面,用户可通过点击对应算法按钮进入相应的算法测试页面。软件内置了 CellDE、NCellDE 和 DDEACA 三种算法的测试程序。

图 8-6   导航主界面

     以 NCellDE 算法为例,点击导航主界面中"NCellDE"按钮后,会跳转至如图 8-7 所示的 NCellDE 算法测试页面。页面左侧为基本参数设置部分,包括测试函数选择、种群规模、进化代数、目标个数、变量个数、种群宽度和种群长度等。根据算法不同,软件中内置了 20 余种不同的测试函数供用户使用。页面右侧为算法测试结果输入部分,计算完成的结果图将直接展示在页面中。点击"编辑图片"按钮,可以进行结果图的编辑操作。

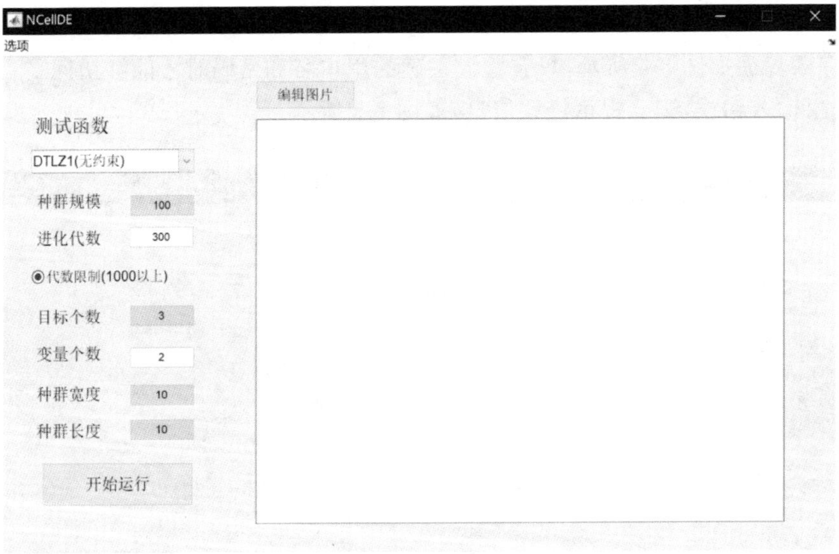

图 8-7   NCellDE 算法测试页面

     如图 8-8 所示,点击测试函数选择菜单,即可浏览软件中内置的测试函数信息,以 DTLZ1(无约束)测试函数为例,设置进化代数为 300,目标个数为 3,变量个数为 2,种群宽度和种群长度为 10,点击下方"开始运行"按钮,即可实现算法在该测试函数下的测试。图 8-9 为算法运行过程进度显示。

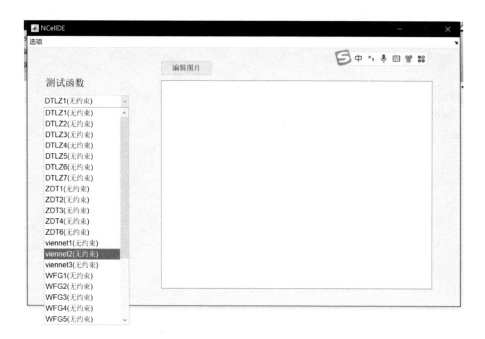

图 8-8　测试函数下拉菜单

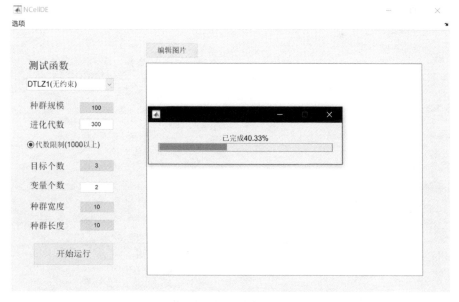

图 8-9　测试函数运行中

当算法测试运行完毕后,测试结果图将会显示在右侧空白框内,如图 8-10 所示。点击图 8-10 上方的"编辑图片"按钮,软件将会弹出测试结果图的编辑页面,如图 8-11 所示,在该页面下,用户可以完成图片修改、保存、另存为等操作。

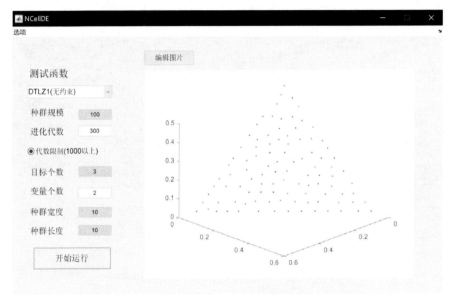

图 8-10   测试结果展示

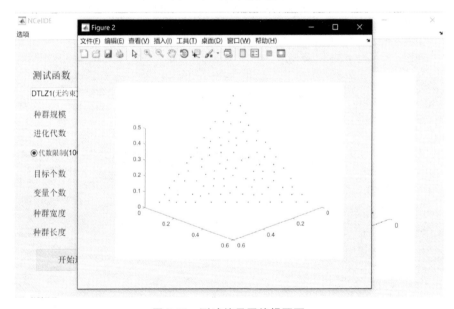

图 8-11   测试结果图编辑页面

8.4   本章小结

本章简要阐述了 MATLAB 软件 GUI 的基本概念和功能,并以 NCellDE 算法为例,给出了 GUI 实现程序;同时对 CellDE 系列算法平台进行了初步架构和实现。

参考文献

[1] 雷德明,严新平.多目标智能优化算法及其应用[M].北京:科学出版社,2009.

[2] 郑金华,邹娟.多目标进化优化[M].北京:科学出版社,2017.

[3] Kalyanmoy D. Multi-Objective Optimization Using Evolutionary Algorithms[M]. New Jersey, USA: John Wiley and Sons, 2001.

[4] 宁伟康.进化多目标优化算法研究及其应用[D].西安:西安电子科技大学,2018.

[5] 吴亮红.差分进化算法及应用研究[D].长沙:湖南大学,2007.

[6] Holland J H. Adoption in Natural and Artificial System[M]. Cambridge, MA: MIT Press, 1975.

[7] Schaffer J D. Multiple objective optimization with vector evaluated genetic algorithms [C]//Proceedings of the 1st International Conference on Genetic Algorithms. Pittsuburgh, PA, USA: Lawrence Erlbaum Associates, 1985: 93-100.

[8] Goldberg D E. Genetic Algorithms in Search, Optimization and Machine Learning[M]. Boston MA: Addison-Wesley Longman Publishing Co, 1989.

[9] Fonseca C M, Fleming P J. Genetic algorithms for multiobjective optimization: Formulation discussion and generalization[C]//Proceedings of the 5th International Conference on Genetic Algorithms. San Mateo CA: Morgan Kaufmann Publishers Inc, 1993: 416-423.

[10] Srinivas N, Deb K. Muiltiobjective optimization using nondominated sorting in genetic algorithms[J]. Evolutionary Computation, 1994, 2(3): 221-248.

[11] Horn J, Nafpliotis N, Goldberg D E. A niched Pareto genetic algorithm for multiobjective optimization[C]//Proceedings of the 1st IEEE Conference on Evolutionary Computation. Ovlando, FL, USA: IEEE, 1994: 82-87.

[12] Zitzler E, Thiele L. Multiobjective evolutionary algorithms: A comparative case study and the strength Pareto approach[J]. IEEE Transactions on Evolutionary Computation, 1999, 3(4): 257-271.

[13] Zitzler E, Laumanns M, Thiele L. SPEA2: Improving the strength Pareto evolutionary algorithm[C]//Evolutionary Methods for Design, Optimization and Control with Applications to Industrial Problems. Barcelona: CIMNE, 2002: 95-100.

[14] Knowres J, Corne D. The Pareto archived evolution strategy: A new baseline algorithm for Pareto multiobjective optimization[C]//Proceedings of 1999 Congress on Evolutionary Computation. Piscataway, NJ, USA: IEEE, 1999: 98-105.

[15] Deb K, Pratap A, Agarwal S, et al. A fast and elitist multiobjective genetic algorithm:

NSGA-Ⅱ[J]. IEEE Transactions on Evolutionary Computation，2002，6(2)：182-197.

[16] 李学伟，吴今培，李雪岩. 实用元胞自动机导论[M].北京：北京交通大学出版社，2013.

[17] Alba E，Dorronsoro B. Cellular Genetic Algorithms [M]. New York，NY：Springer US，2008.

[18] Sarma J，De Jong K. An analysis of the effects of neighborhood size and shape on local selection algorithms[C]//International Conference on Parallel Problem Solving From Nature. Berlin，Germany：Springer Berlin Heidelberg，1996：236-244.

[19] Giacobini M，Tomassini M，Tettamanzi A G B，et al. Selection intensity in cellular evolutionary algorithms for regular lattices[J]. IEEE Transactions on Evolutionary Computation，2005，9(5)：489-505.

[20] Alba E，Troya J M. Cellular evolutionary algorithms：Evaluating the influence of ratio [C]//International Conference on Parallel Problem Solving from Nature. Berlin，Germany：Springer Berlin Heidelberg，2000：29-38.

[21] Alba E，Dorronsoro B，Giacobini M，et al. Decentralized cellular evolutionary algorithms [J]. International Journal of Applied Mathematics and Computer Science，2004，14 (3)：101-117.

[22] Simoncini D，Collard P，Verel S，et al. On the influence of selection operators on performances in cellular genetic algorithms[C]//2007 IEEE Congress on Evolutionary Computation. Singapore：IEEE，2007：4706-4713.

[23] Janson S，Alba E，Dorronsoro B，et al. Hierarchical cellular genetic algorithm[C]// Evolutionary Computation in Combinatorial Optimization. Berlin，Germany：Springer-Verlarg，2006：111-122.

[24] Dorronsoro B，Bouvry P. Cellular genetic algorithms without additional parameters[J]. The Journal of Supercomputing，2013，63(3)：816-835.

[25] 鲁宇明，黎明，李凌. 一种具有演化规则的元胞遗传算法[J]. 电子学报，2010，38(7)：1603-1607.

[26] Murata T，Ishibuchi H，Gen M. Specification of genetic search directions in cellular multi-objective genetic algorithms[C]//Evolutionary Multi-Criterion Optimization. Berlin，Germany：Springer-Verlag，2001：82-95.

[27] Alba E，Dorronsoro B，Luna F，et al. A cellular multi-objective genetic algorithm for optimal broadcasting strategy in metropolitan MANETs[J]. Computer Communications，2007，30(4)：685-697.

[28] Nebro A J，Durillo J J，Luna F，et al. MOCell：A cellular genetic algorithm for multiobjective optimization[J]. International Journal of Intelligent Systems，2009，24 (7)：726-746.

[29] Zhang H，Song S，Zhou A，et al. A multiobjective cellular genetic algorithm based on 3D structure and cosine crowding measurement[J]. International Journal of Machine

Learning and Cybernetics，2015，6(3)：487-500.

[30] 张屹,万兴余,郑小东,等.基于正交设计的元胞多目标遗传算法[J].电子学报,2016,44
(1):87-94.

[31] Durillo J J, Nebro A J, Luna F, et al. Solving three-objective optimization problems
using a new hybrid cellular genetic algorithm[C]//Proceedings of the 10th International
Conference on Parallel Problem Solving from Nature, Berlin, Germany：Springer-
Verlag, 2008：661-670.

[32] Storn R, Price K. Differential evolution-a simple and efficient heuristic for global
optimization over continuous spaces[J]. Journal of Global Optimization, 1997, 11(4)：
341-359.

[33] 张屹,郑小东,万兴余,等.基于差分元胞多目标遗传算法的动压滑动轴承优化设计[J].
机械传动,2014,38(9):64-68.

[34] 王亚良,钱其晶,陈勇,等.外部种群完全反馈的元胞差分算法设计及应用[J].计算机集
成制造系统,2017,23(8):1679-1691.

[35] 詹腾,张屹,朱大林,等.基于多策略差分进化的元胞多目标遗传算法[J].计算机集成制
造系统,2014,20(6):1342-1341.

[36] 王福才,周鲁萍.混合精英策略的元胞多目标遗传算法及其应用[J].电子学报,2016,44
(3):709-719.

[37] 王亚良,倪晨迪,曹海涛,等.两阶段动态差分智能元胞机算法[J].计算机集成制造系
统,2020,26(4):989-1000.

[38] 王勇,蔡自兴,周育人,等.约束优化进化算法[J].软件学报,2009,20(1):11-29.

[39] 张屹,张虎,陆瞳瞳.元胞遗传算法及其应用[M].北京:科学出版社,2014.

[40] Boon J P, Dab D, Kapral R, et al. Lattice gas automata for reactive systems[J].
Physics Reports, 1996, 273(2)：55-147.

[41] Ahmed E, Elgazzar A S. On some applications of cellular automata[J]. Physica A,
2001, 296(34)：529-538.

[42] 贾斌,高自有,李克平,等.基于元胞自动机的交通系统建模与模拟[M].北京:科学出版
社,2007.

[43] 刘波,王凌,金以慧.差分进化算法研究进展[J].控制与决策,2007(7):721-729.

[44] Coello C A C, Cortés N C. Solving multiobjective optimization problems using an artificial
immune system[J]. Genetic Programming and Evolvable Machines, 2005, 6(2)：163-190.

[45] Zitzler E, Thiele L, Laumanns M, et al. Performance assessment of multiobjective
optimizers：An analysis and review[J]. IEEE Transactions on Evolutionary Computation,
2003, 7(2)：117-132.

[46] van Veldhuizen D A, Lamont G B. Evolutionary computation and convergence to a
pareto front[C]//Late Breaking Papers at the Genetic Programming 1998 Conference.
New York,NY,USA:IEEE,1998：221-228.

[47] Coello C A C. Theoretical and numerical constraint-handling techniques used with evolutionary algorithms: A survey of the state of the art[J]. Computer Methods in Applied Mechanics and Engineering, 2002, 191(11-12): 1245-1287.

[48] Deb K, Jain S. Running performance metrics for evolutionary multi-objective optimizations [C]//Proceedings of the Fourth Asia-Pacific Conference on Simulated Evolution and Learning (SEAL'02). Kanpur, India: India Institute of Technology Kanpur, Kangal report, 2002: 13-20.

[49] Schott J R. Fault tolerant design using single and multicriteria genetic algorithm optimization [J]. Cellular Immunology, 1995, 37(1): 1-13.

[50] Tsou C S, Fang H H, Chang H H, et al. An improved particle swarm Pareto optimizer with local search and clustering[C]//Asia-Pacific Conference on Simulated Evolution and Learning. Berlin, Germany: Springer Berlin Heidelberg, 2006: 400-407.

[51] He Z, Yen G G. Visualization and performance metric in many-objective optimization [J]. IEEE Transactions on Evolutionary Computation, 2015, 20(3): 386-402.

[52] Schutze O, Esquivel X, Lara A, et al. Using the averaged Hausdorff distance as a performance measure in evolutionary multiobjective optimization[J]. IEEE Transactions on Evolutionary Computation, 2012, 16(4): 504-522.

[53] Zitzler E, Deb K, Thiele L. Comparison of multiobjective evolutionary algorithms: Empirical results[J]. Evolutionary Computation, 2000, 8(2): 173-195.

[54] Huband S, Hingston P, Barone L, et al. A review of multiobjective test problems and a scalable test problem toolkit[J]. IEEE Transactions on Evolutionary Computation, 2006, 10(5): 477-506.

[55] Deb K, Thiele L, Laumanns M, et al. Scalable multi-objective optimization test problems [C]//Proceedings of the 2002 Congress on Evolutionary Computation. Piscataway, NJ, USA: IEEE, 2002: 825-830.

[56] van Veldhuizen D A. Multiobjective Evolutionary Algorithms: Classifications, Analyses, and New Innovations [M]. Wright-Patterson, OH, USA: Air Force Institute of Technology, 1999.

[57] Cheng R, Jin Y, Olhofer M. Test problems for large-scale multiobjective and many-objective optimization [J]. IEEE Transactions on Cybernetics, 2016, 47 (12): 4108-4121.

[58] Zhang Q, Zhou A, Zhao S, et al. Multiobjective optimization test instances for the CEC 2009 special session and competition[R]. Essex,UK: University of Essex, 2008.

[59] Fan Z, Li W, Cai X, et al. Difficulty adjustable and scalable constrained multiobjective test problem toolkit[J]. Evolutionary Computation, 2020, 28(3): 339-378.

[60] Jain H, Deb K. An evolutionary many-objective optimization algorithm using reference-point based nondominated sorting approach, Part II: Handling constraints and extending to

an adaptive approach[J]. IEEE Transactions on Evolutionary Computation，2013，18（4）：602-622.

[61] Li H，Zhang Q. Multiobjective optimization problems with complicated Pareto sets，MOEA/D and NSGA-Ⅱ[J]. IEEE Transactions on Evolutionary Computation，2008，13(2)：284-302.

[62] Zhang Q，Zhou A，Jin Y. RM-MEDA：A regularity model-based multiobjective estimation of distribution algorithm[J]. IEEE Transactions on Evolutionary Computation，2008，12(1)：41-63.

[63] Li H，Zhang Q，Deng J. Multiobjective test problems with complicated Pareto fronts：Difficulties in degeneracy[C]//2014 IEEE Congress on Evolutionary Computation. Beijing，China：IEEE，2014：2156-2163.

[64] Li H，Zhang Q，Deng J. Biased multiobjective optimization and decomposition algorithm[J]. IEEE Transactions on Cybernetics，2016，47(1)：52-66.

[65] 钱其晶.多目标元胞差分算法的改进及其应用研究[D].杭州：浙江工业大学,2017.

[66] 张屹,卢超,张虎,等.基于差分元胞多目标遗传算法的车间布局优化[J].计算机集成制造系统,2013,19(4):727-734.

[67] 饶振纲.行星传动机构设计[M].北京：国防工业出版社,1994.

[68] 于明,徐承妍.基于 MATLAB 的摆线针轮传动的优化设计[J].现代制造工程,2010(8)：141-143.

[69] 于影,于波,陈建新,等.摆线针轮行星减速器的优化设计[J].哈尔滨工业大学学报,2002,34(4):493-496.

[70] Gämperle R，Müller S D，Koumoutsakos P. A parameter study for differential evolution[J]. Advances in Intelligent Systems，Fuzzy Systems，Evolutionary Computation，2002，10(10)：293-298.

[71] 王亚良,倪晨迪,金寿松.基于多邻居结构的自适应元胞差分算法[J].电子学报,2021,49(3):578-585.

[72] 倪晨迪.自适应多目标元胞差分算法设计及其应用[D].杭州：浙江工业大学,2021.

[73] Alba E，Dorronsoro B. The exploration/exploitation tradeoff in dynamic cellular genetic algorithms[J]. IEEE Transactions on Evolutionary Computation，2005，9(2)：126-142.

[74] 张屹,刘铮,卢超.一种基于邻居自适应的多目标元胞遗传算法[J].计算机应用研究,2014,31(8):2311-2314.

[75] Ali M Z，Awad N，Suganthan P N，et al. An adaptive multipopulation differential evolution with dynamic population reduction[J]. IEEE Transactions on Cybernetics，2017，47(9)：2768-2779.

[76] Zheng L M，Liu L，Zhang S X，et al. Enhancing differential evolution with interactive information[J]. Soft Computing，2018，22(23)：7919-7938.

[77] 佟小涛.基于虚拟样机技术的 RV 减速器动态传动误差研究[D].杭州：浙江工业大

学,2019.

[78] 王亚良,钱其晶,曹海涛,等.基于动态差分元胞多目标遗传算法的混合作业车间布局改善与优化[J].中国机械工程,2018,29(14):1751-1757.

[79] 刘保柱,苏彦华,张宏林.MATLAB 7.0 从入门到精通[M].修订版.北京:人民邮电出版社,2016.